2013年度国家自然科学基金面上项目(71373025)
2014年度国家自然科学基金面上项目(71473019)
北京市属高等学校高层次人才引进与培养计划项目(CIT&TCD20140314)
现代奶牛产业技术体系北京市创新团队

# 中国奶牛养殖户生产效率研究

何忠伟　刘　芳　韩　啸　著

中国农业出版社

# 前　言

中国原料奶总产量从2000年的919万吨增长到2014年的3 725万吨，成为仅次于印度和美国的世界第三大产奶国。目前，我国奶业正处在恢复增长期，奶牛存栏稳定在1 440万头，牛奶产量达到3 340万吨，100头以上奶牛规模养殖比例超过28%。国内奶源供给和国外进口矛盾巨大，对国内奶价和奶农利益造成冲击。奶价激烈波动导致消费者生活成本不稳定性增加，同时奶牛产业陷入了类似猪肉产业的价格怪圈。中国奶业已到了由数量增长向质量效益转型的关键时期。本研究旨在测定我国奶牛养殖户生产技术效率，并通过对散养、小规模、中规模以及大规模四种奶牛养殖模式的技术效率分别测算，总结随着规模的扩大技术效率的变化情况。同时通过研究影响我国奶牛养殖技术效率的主要因素以及各规模下各种生产要素的产出弹性，得出相应的提高技术效率的政策措施。研究结论如下：奶牛养殖呈现出向优势地区集中趋势，内蒙古、河北、山东、黑龙江四大产奶大省（自治区）年产奶量就超过全国总产奶量的50%。我国散户总量不断下降，但散户仍是奶源供给主力，超过六成的奶源由小规模专业户或者散户提供。全国范围来看，散户技术效率值为0.89，表示其生产效率损失中89%都是由于非技术效率引起，而中规模仅有0.32。从各规模间比较来看，散户和小规模养殖户比较，散户更具有FSD一级概率优势，但是大规模养殖户高成本之下带来的是高质量和高产出。

本书得到了国家自然科学基金项目、北京市长城学者培养计划、北京现代技术服务体系奶牛产业创新团队等项目资助，在调研与撰写过程中，得到了国家自然科学基金委、农业部、北京市教委、北京市农委、北京市农业局、北京市畜牧总站和各区县农业部门的大力支持，在此表示诚挚的感谢！由于时间和水平有限，错误疏漏和不足之处在所难免，敬请大家批评与指正。

著　者

2015 年 12 月

# 目　录

# 1 绪论

## 1.1 研究的背景及意义

### 1.1.1 研究背景

人均乳制品消费量是衡量世界各国生活水平高低的重要指标。我国原料奶总产量从2000年的919万吨增长到2012年的3 340万吨，仅次于印度和美国，成为世界第三大产奶国。目前，我国奶业正处在风险期和转型期，奶牛存栏稳定在1 440万头，牛奶产量达到3 340万吨，100头以上奶牛规模养殖比例超过28%。2011年以前，由于奶牛养殖相较其他畜牧业收益持续降低，奶牛养殖经历了一段时间寒冬。这是由于奶农处于产业链低端，无定价话语权，且乳制品加工企业不断压低收奶价格，提高自身企业竞争力，虽然乳制品价格基本稳定，但是奶农养殖积极性却大幅降低。2014年至今，奶牛养殖业又重新走入寒冬。全国奶牛养殖业出现的一些现象值得关注：①奶价跳水，部分地区出现杀牛、卖牛和倒奶现象。河南、山东、河北等地出现了奶农因牛奶价格下降、牛奶销售不畅等原因而卖掉奶牛、杀掉奶牛和倒牛奶等现象。据新华网报道，北京延庆县也出现了奶农因收购量急剧下降倒掉多余鲜奶的现象。据分析，饲料售价高、人工等养殖成本上升、奶价下跌、乳企压价伤农、过多使用进口奶粉而减少使用本地奶源，这些都是导致奶农杀牛、卖牛、倒奶的主要原因。总体而言，2014年底至今奶价一直呈下跌趋势。青海、山东的散养户奶价已跌至1.6元/千克，散养户已处于亏本状态。②外国牛奶、外国奶粉大量涌入，冲击了国内市场，危及养牛业。目前，大量液态奶和奶粉从国外涌入国内。已有27个国家的常温奶进入中国市场，包括有美国、英国、德国、法国、新西兰、澳大利亚、韩国、日本、丹麦等。涌入国内常温奶品牌超过100个，其中德国就有20多个，澳大利亚有15个。巴氏低温奶进入中国市场的，也有日本、韩国、澳大利亚、新西兰等这些国家。大量的外国牛奶、外国奶粉涌入中国市场，直接威胁我国的奶牛养殖业和奶业的发展。③重大疫病疫情常有发生，布氏杆菌病有上升趋势。2014年，现代牧业宝鸡万头牧场感染结核病、布氏病的"病牛门"事件被媒体披露曝光。布氏病近几年全球有上升的趋势，中国的万头牧场也难逃此劫。重大疫病不仅严重影响消费者的信心，也会给养殖场和奶业企业造成毁灭性打击。④消费者对国产奶的消费信心仍未完全恢复。国内企业集体外跑境外寻求奶源，这从另一侧面反映出他们对国产奶源质量不太放心。

从国内来看，受进口影响，奶源过剩将是未来几年内的主旋律。2012 年以前，大部分牧场因缺少自己的饲草料基地，饲养成本和管理费用都不断攀升，其发展陷入困难和危机。另一方面，由于肉牛价格上涨使得大量养殖户将奶牛屠杀作为肉用牛变卖，造成奶牛存栏量锐减。但是由于奶牛存栏量补充周期较长，牛奶市场供应紧缺以及乳品企业需求激增，造成乳品加工企业争抢奶源的局面。牛奶收购价格不断上涨，城市居民生活成本增加，严重影响了城市居民的正常生活。近年由于原料奶进口增加，冲击国内市场，奶价和国际奶价趋同，奶牛养殖户收益降低。

为了保持奶业平稳健康发展，对于改善国民生活质量及协调城乡发展具有重大意义。为此，近年来国家奶业规划和扶持政策密集出台，如 2003 年农业部发布了《优势农产品区域布局规划（2003—2007 年）》《奶牛优势区域发展规划（2003—2007 年）》，明确了牛奶在我国优势农产品地位，并确定 7 个奶业优势省（自治区），并提出增加牛奶单产和扩大养殖规模，逐步进到散户退出奶牛养殖业。2007 年国务院又发布了《关于促进奶业持续健康发展的意见》，农业部专门制定了《全国奶牛优势区域布局规划》，确定了全国的五大奶业主产区；2008 年，国务院办公厅又发布《奶业整顿和振兴规划纲要》。同年，国家发展和改革委员会也专门制定了《乳制品工业产业政策》；2009 年，中央 1 号文件指出“继续落实奶牛良种补贴、优质后备奶牛饲养补贴等政策，实施奶牛生产大县财政奖励政策，着力扶持企业建设标准化奶站，确保奶源质量”。2012 年，财政部发出《关于进一步加大支持力度做好农业保险保费补贴工作的通知》（财金［2012］2 号），在奶牛保险方面，中央财政增加保险补贴 40%。可见，政府和社会公众对于原料奶生产的供给和安全给予了高度重视，我国奶业也出现难得的发展机遇。

### 1.1.2 研究意义

2013 年我国奶业发生了翻天覆地的变化，由于国内奶粉消费人群对国内奶粉信心指数降到有史以来最低，进口奶粉逐渐成为消费者首选，而进口奶粉在国内售价却是国外售价的三倍。初步估算，进口奶粉在中国市场毛利润最低也要 40%以上。进口奶粉安全状况也非安全放心，2013 年 8 月份，新西兰恒天然公司因原料奶受污染发出预警并召回部分产品，使得新西兰品牌奶粉在中国内地市场份额下降近50%。

似乎国内外奶业都危机四伏，消费者人心惶惶。尽管如此国内液态奶价格居高不下，全国范围内来看，液态奶从原本“一元袋奶”改称为“二元袋奶”。尽管价格增加了一倍，但是乳品加工企业还直呼不赚钱、“卖多赔多”等。2013年9月中旬各大品加工企业也纷纷调价，平均涨幅高达20%。我国奶料比（反映奶价合理性水平）高达1.64，而1.30左右才是乳品企业和奶农可以承受区间，可见我国生鲜乳价格亟待回归正常区间。如果说原料奶供不应求是导致奶价持续上涨的主因，那么进口奶渠道受限则是奶价上涨的辅助因素。如新西兰早在2012年初就严厉打击私自出口婴儿配方奶粉，英国等欧洲国家也相继出台限购令。香港更是为了应对内地抢购热潮保护当地居民奶粉供应，也不得不出台限购政策。以上一系列举措表明在世界范围内，奶粉及液态奶俨然成为稀缺产品，而增加牛奶供给稳定货源是现今消除奶粉供不应求的必经之路。

增加液态奶供给的可行措施包括：增加奶牛养殖户数量，通过先进技术采用、引进优良奶牛品种来增加单产，优化养殖场（区）管理模式提高产量。现阶段奶牛屠杀变卖，退出奶牛养殖行业风气刚刚止步，奶农收益好转，但奶牛补栏、改良品种周期长。所以增加奶牛养殖户数量及奶牛数量长期可行，短期内不能实现。另一种途径就是通过采用先进技术来提高单产，但是这依旧是个漫长过程而且还需要大量资金支持。

技术进步状况需要考虑到技术在我国推广速率问题。文化水平低、保守和传统是我国奶农最普遍特征。我国奶农这些特征决定其自身是技术普及及采用的最大障碍。因此，这一途径在短期内难以实现，所以政府不得不更多地依靠提升生产效率来达到增产效果。本书通过研究不同规模奶牛养殖户，意在找出提高生产效率的措施。根据Farrell对效率定义，效率由两个方面组成：技术效率和配置效率（Farrell，1957）。技术效率是指一个个体或企业在给定资源配置和技术情况下所能获得的最大产出或者说是个体或企业在固定产出水平下所需要最少的资源配置和技术。Coelli et al. 提出配置效率是指在投入要素能够达到最大产出下的最优组合（Coelli et al.，1998）。当个体或企业存在技术效率说明其在固定投入要素水平下能够达到产出最大化，或在给定产出水平下所需的最小资源配置。当个体或企业存在配置效率说明其在固定投入资金情况下，能运用最佳投入组合产生最优产出配置。经济效率是指企业同时存在技术效率和配置效率。

本书主要是通过对我国奶牛养殖户技术效率、经济效率的科学评价，衡量不同地区的原料奶生产发展现状和潜力，有利于推进优势农产品的区域布局，调整区域功能定位和主攻方向，加强我国奶牛养殖户的综合竞争力，有利于促进农民增产增收。本书研究成果能够帮助政府部门制定原料奶增加单产及总量的相关政策，合理规划布局。

## 1.2 研究综述

### 1.2.1 奶牛养殖场（户）生产经济相关研究

#### 1. 养殖场（户）生产波动

罗俊从原料奶生产，奶牛养殖状况及乳制品加工等方面对阿根廷奶业进行了详细概述。并总结出阿根廷如何在扭曲复杂的国际奶业竞争市场中稳住自身产业并在国际市场中占据主动。朱增勇通过对世界奶类不同品种进行分类研究，并对其生产发展趋势及特点进行定量分析，得出世界奶类产量持续增加，牛奶产量增加比重在奶类总产量增加额中比例不断下降。通过各个大洲之间对比，得出亚洲尤其是发展中国家是奶类生产增量的主发动机。乔光华回顾了2011年内蒙古经济状况，分析了奶源紧张局面原因。认为自然因素如暴雪严寒天气、疾病等导致产量急剧下降，奶源价格剧烈波动。乔光华认为政府在企业和农户之间搭建桥梁严重阻碍鲜奶价格形成机制。由于农户和企业都只是分别与政府打交道，缺乏利益共同意识，导致价格制约性增长或压力性下降等现象。张朔望根据全国奶业数据得出规模化、标准化牧场在全国各地推进速度，预期未来奶业价格走势平稳，并受季节因素影响短期上涨。范云琳等根据监测和调研数据，得出乳品产量和饲料产量及进口量都同比增加。

#### 2. 养殖场（户）生产竞争力

关于奶业生产方面的研究 HallandLeVeen（1978）在对规模农户的成本费用进行研究时，通过研究经济效率与农户规模的关系指出，规模农户的成本费用会相对少一些，能节约出和规模农场相适应的费用。而 Blayney 和 Mittelhammer（1990）从技术进步角度对原奶生产进行了分析，指出价格和技术两部分共同促进了原料奶的生产，这种将生产分解成两部分的理论为奶业效率的评价以及价格支持政策的有效性评估提供了许多基础性的判断。Adelaja（1991）在分析原料奶的长期供给弹性时从农户规模的角度出发，将长期供给弹性分成产量、饲养规模和人口三部分，指出当农户规模发生变化时，弹性也会发生变化，因为资本密集度、专业化水平、进入退出频率等会因为规模的变化而发生变化。Jaforullah、Whiteman（1998）通过调查 264 个奶牛场样本的数据，采用 DEA 方法测算了新西兰牛奶生产的规模效率，并分析了奶牛场规模与生产效率的关系。LorenW. Tauer（1998）对美国 1985—1993 年的 70 个奶农场的供给弹性进行分析时，采用面板数据固定效益供给函数模型得出短期供给弹性是0.2，长期供给弹性为1；运用OLS方法进行估计时得出短期弹性为0.25，长期弹性为0.64，少于100头的奶农供给弹性为0.55，超过100头奶牛的农场长期供给弹性为1.38；并且指出虽然原料奶供给短期内缺乏弹性，但是通过技术进步和制度变革能对原料奶的供给增加起到积极作用。Alvarez，Arias（2004）分析西班牙奶牛场的生产效率时运用超越对数生产函数模型，指出当固定投入和市场价格都确定的情况下，生产效率和奶牛场规模是显著性的相关关系。Pierani，Rizzi（2003）在测算意大利奶牛场的技术效率时则采用的是受限制的SGM成本函数，经过测算得出的结论是：大农场并没有显示出特别高的技术效率，在大农场、中等农场与小农场之间进行比较时，发现小农场的技术效率也比较高。Lawson、Agger、Lund、coelli（2004）利用1997年的调查数据运用随机前沿生产函数分析了丹麦奶牛场的生产效率；Barnes（2006）采用DEA-Tobit两步法分析了苏格兰奶牛场的技术效率及影响技术非效率的因素。James Simpson（2006）对中国、美国、日本三个国家的乳制品生产成本比较是从供给角度方面进行考虑的，他的研究结论是由于廉价的劳动力，中国的奶业生产具有明显的优势，在这三个国家中，中国的生产成本为0.16美元/千克，日本的生产成本为0.62美元/千克、美国的生产成本为0.24美元/千克，但是由于美国、日本的饲养规模明显高于中国，产业化水平也比中国高，因此美国和日本的奶牛单产水平明显高出中国，2005年美国和日本的奶牛的单产水平都分别是中国的3倍多。

靳会珍通过沧州市实地调研，由表及里深层次剖析了我国奶业生产竞争力存在的问题，认为规模小、标准化、产业化水平低、乳制品安全监管薄弱等问题是制约我国奶业竞争力的核心问题。李栋通过对新加坡、美国、荷兰三个国家奶业运行模式规律及其发展途径和方式进行总结，指出不同国家根据其环境特点形成了具有各自特色的发展模式，旨在为我国奶业发展提供可借鉴道路。韩柱将日本奶业发展历史根据生产状况分为六个历史阶段，并将每个历史阶段和中国现处阶段进行对比，认为中国奶业和日本奶业发展基础相似，都具有分散小农户经营、加工企业竞争激烈、生产分布不均衡等特点。韩柱提出中国奶业竞争力得到加强很大方面在于政府宏观调控政策和政府支持以及完善的法律体系。因此，中国应该借鉴日本奶牛法律政策和赋值体系。

中国奶业发展方面的相关研究——《中国奶业发展战略研究（2005年）》，将中国奶业发展划分为四个阶段：计划经济缓慢发展阶段（1949—1978年）；改革开放初期快速发展阶段（1978—1992年）；向市场经济过渡的调整阶段（1992—1998年）；在市场经济环境下的高速发展阶段（1998—2003年）。以此为基础，总结了中国奶业发展历程中的基本经验；通过与国外奶业发达国家的比较，分析了影响奶业消费与生产的各因素后，预测了2010年和2020年中国奶业生产与消费量、消费结构目标。该研究还将中国奶业划分为大城市郊区、东北、华北、西北、南方五个产区，根据研究结果，并结合实际，提出了今后中国奶业发展的战略重点和对策建议。《中国奶业经济研究报告（2010）》从微观和宏观两个层面对中国奶业经济的发展及相关政策加以梳理总结，并在此基础上系统分析了奶业产业链各方在生产、加工、流通等环节的合作与博弈。刘成果（2011）通过对中国奶业发展中关键问题及发展思路的探索和总结，为中国奶业持续健康发展提出了规律性、指导性的意见和建议，内容包括：奶业发展的地位和作用，奶牛养殖的规模化、集约化、奶业的标准化，以及构建现代奶业理论及长效机制等十个方面的内容。

### 3. 养殖场（户）生产布局

2003年，农业部组织制定并实施了国家级奶牛生产布局“第一号”文件——《奶牛优势区域发展规划（2003—2007年）》，确立北京、天津、上海、河北、山西、内蒙古、黑龙江等7个奶业优势省（区、市），提出加大政策和资金引导扶持力度，丰富国内乳制品市场供给。国家级奶牛生产布局“第二号”文件《全国奶牛优势区域布局规划（2008—2015年）》是“第一号”文件衍生版，文件中提出进一步调整和明确了奶业的优势产区及相关扶持政策，并划分五大优势区域。郭永宁等通过奶牛主产区饲养情况调查得出，奶牛养殖在主产区当地农村经济方面占据主导位置，并在大量调查基础上阐述了农户饲养奶牛在我国农村经济中的生产情况和地位，并为未来布局优化提供政策建议。

侯智惠等（2010）以内蒙古奶业的区域布局为研究对象，对全区101个行政区域进行聚类分区，并通过判别分析和定性分析对聚类结果进行调整，形成内蒙古奶业优势发展区、重点拓展区、限制性发展区和非奶牛养殖布局区，并对4个类型区进行分区论述。畜牧业空间布局方面的研究王桂霞，李文欢（2009）利用多年统计数据分析了自1980年以来我国肉牛主产区生产布局的变化情况，并建设性指出我国肉牛主产区的空间变动总体上呈现了由牧区向农区转移的变化特点，但不同发展阶段由于自然、政策等因素的影响中国肉牛主产区空间区域布局变动具有不同的特征。张越杰，田露（2010）利用多年统计数据通过描述性统计分析了中国肉牛主产区空间布局的变动状况，研究发现中国肉牛生产区域布局经历了从牧区向农区的变化过程。并研究分析了影响中国肉牛主产区生产区域布局变动的主要因素，这些因素包括农业科学技术进步、自然资源、屠宰业和加工业的发展、政策扶持。最后在这些研究的基础上对中国肉牛生产空间布局的发展趋势给出了具体预测。

张新焕、阎新华（2003）通过分析多年的统计资料，并根据我国畜牧业发展的现状，对我国畜牧业在空间和时间上的发展进行研究分析。研究指出我国畜牧业二十年以来发展分为三个阶段：一是畜牧业发展的恢复期；二是快速发展期；三是畜牧业的稳步发展期。同时概括出了我国畜牧业发展在空间上的变化特征：总体上说我国畜牧业产区的变动不大，但部分地区有较小变动。最后提出我国畜牧业在长期发展中已经形成了以禽蛋、生猪为主的黄淮海主产区、以肉牛、禽蛋生产为主的东北主产区以及以生产肉羊、肉牛为主的广大西南主产区。曹光乔、潘丹、秦富（2010）利用固定效应模型分析了中国蛋鸡产业布局的变动情况及影响发生变迁的因素。通过研究分析发现：蛋鸡和其他畜产品的综合比较优势、非农就业机会和城镇化水平、畜牧业和种植业的比较优势对中国蛋鸡产业布局变动影响比较大，同时技术进步、运输成本等因素也推动了这种变动的发展。邓国取（2008）根据相关理论，通过考察我国各农业产区畜牧业近几年发展的基础和差别，通过研究当代畜牧业主产区区域特征和布局的不同特点，创造性地提出按“中心重点区、发展潜力区和福射带动区”推动我国农区畜牧业产业生产布局战略，同时分析了优化主要畜产品生产布局的可行性，并由此提出了基本优化思路。夏晓平、李秉龙、隋艳颖（2010）在粮食安全与资源禀赋的两个视角下，运用多种分析法对比分析了2003—2007年全国不同地区的畜牧业生产结构及不同地区畜牧业的比较优势。通过研究分析发现，全国不同地区畜牧业的发展存在着不平衡的现状，畜牧业生产结构的区域化特征比较明显。作者在资源禀赋丰缺与粮食安全的角度下，指出我国区域畜牧业的发展方向是在各地区环境资源特征以及畜牧业生产的不同条件的基础上进行区域布局优化的，最后指出要发展我国畜牧业就要继续调整畜牧业生产结构，提高食草畜产品的生产比重，积极推动“节粮型”畜牧业的发展。胡明文、黄峰岩（2009）采用空间区域分布优化为主体的景观格局规划模式分析法以及生态系统发展战略分析法，在对鄱阳湖周边不同经济发展区域的畜牧业发展状况进行调查研究的基础上，对该地区畜牧业的发展进行了深入细致、客观全面的综合优势分析，制定了五个功能分区方案，将这五个功能区确定为该地区畜牧业发展重点。方天塑（2003）指出，畜牧业空间布局是指畜牧业在生产过程中所产生的地区分布地变动情况。畜牧业空间布局的定义表现在两个具体方面：一方面是指畜牧业各个不同的生产部门在不同区域间的分工协作关系；另一方面指畜牧业各生产部门在一定区域的内部比例关系，即结构的有效合理安排。结构的安排和生产格局安排相互联系、相互影响互为因果。周旭英、罗其友、屈宝香（2007）分析研究多年来的相关统计数据得出了中国生猪主产区空间布局的变迁趋势，并根据相关标准将中国生猪主产区分为 4 个不同的地区并对 4 个不同的区域进行研究，并且提出自然因素、科学进步是影响中国生猪主产区空间布局形成发展的两个最重要的因素，最后研究提出了相应优化中国生猪产业布局的策略。冯永辉（2006）通过对 1994 年中国各地区生猪产量的研究分析后指出，中国的生猪生产的主要区域主要分布在我国南方的广大地区。广东、四川、湖南是南方猪肉生产的三个大省；而我国北方的山东、河南、河北猪肉产量在全国所占比重也非常大。文章还指出广东、四川、湖南的生猪生产较之于山东、河南、河北的生猪生产其资源、规模更有优势。但近几年南、北三强差距有明显缩小的趋势，并指出 2004 年中国生猪养殖区域分布较 1994 年略有增加。黄延裙（2009）采用多种测度比较优势的方法，从多个角度对中国生猪各个主产区的比较优势进行了定量实证分析，根据多年来的统计数据，运用产地集中度系数等方法，对中国生猪生产布局的形成、集中度和变动趋势进行了定量分析，同时在区域比较优势测算的基础上，结合农业区位论和生产布局理论，探讨分析了影响中国生猪生产布局变动的因素。最后提出进一步优化中国生猪生产布局的方案与政策建议。

#### 4. 养殖场（户）生产成本与效益

鄂丽娟等通过对奶牛养殖户成本收益状况做逐日记录，并根据所获得一手数据分析奶牛平均成本、收入状况等。并指出由于养殖模式不同，农户受益差异巨大。孔祥智等在原料奶上涨背景下对呼和浩特市奶农成本收益情况进行详细分析，并得出原奶价格上涨并不能提高奶农收益，这是由于饲料价格上涨是推动原料奶价格上涨的重要因素。另一方面，政府调控及乳品加工企业对奶牛养殖效益都呈现负面影响。谭留兵分析黑龙江省散户模式农户收益情况及其影响因素，通过定量分析找出了影响收益因素，认为奶牛养殖收益与养殖规模、奶牛价格及饲料价格都息息相关。

经过几十年的发展，我国已建成了比较全面、完整的农产品成本核算体系，核算方法也较为科学、合理。但是，随着社会经济的发展，我国的农产品核算体系和方法也出现了一些问题。王新锁、王国丽（2001）提出，计算农产品收入时，应以主产品收入为准，副产品收入可忽略不计。在当前农村，农作物在收获时，其副产品都完整地存在，并按照一定标准估算出一定的收入。考虑到实际情况，副产品最终被利用的较少、废弃的较多，因此，现行农产品核算方法规定，农产品收入以总收入来计算，无形中增加了收入，虚增了经济收益。薛芳（2004）指出，完善农产品成本核算体系，如实反映人工费用，虽然会使核算工作量增加，农产品成本增加，但对于农村经济的发展和农产品成本核算制度的改进有重要的作用。国家要定期颁布人工工值标准，作为企业核算人工费用的标准。王国红、郭胜利（2000）指出，如实反映人工费用是改进农产品成本核算制度的重点，符合会计法的原则和要求，能够节约人工费用，减少人工投入。万劲松（2000）提出，我国目前的农产品核算体系对物化劳动的核算比较全面、完整，但是对人工劳动的计价方法有待进一步研究。在目前的成本核算方法中，只对土地的承包费进行了核算，而对农民耕种自己承包土地的机会成本（即劳动的机会成本），则完全没有进行核算。劳动和土地的机会成本核算不足是导致目前我国农产品成本较低，成本收益率过高的重要原因。黄季焜、马恒运（2000）指出，在中外农作物成本核算中，成本口径和内容有很大的差异。中国农作物成本核算相对比较简单，有一些应当包括在成本里的项目尚未包括在内，而国外的成本核算项目比较全面。我国现行对农产品成本的核算，可能会低估农产品的实际成本水平。国家计委价格司农本处（2003）提出，我国现行的农产品成本核算指标体系中没有明确核算土地的机会成本，自有劳动的价格也是一个争论较大的问题。因此，应该进一步研究国外核算机会成本的具体做法，结合我国国情，研究制定出一个比较科学的机会成本核算办法，完整、准确地核算农产品生产的总生产成本。另外，我国目前的农产品成本核算体系中，现金支出和非现金支出，现金收入和非现金收入相互混杂，现行成本体系应有所调整，准确核算现金收入和支出。Stephen C. Cooke 和 W. Burtsundquist（1989）测算了美国玉米生产的成本效率，指出生产规模越大，玉米成本效率越高。

5. 奶牛养殖风险研究

在奶牛养殖风险研究方面，不少学者做出了突出的贡献，景玉情（2006）在分析了已有产业安全衡量指标的基础上，建立了产业安全指标。凡刚领（2005）构建了我国产业损害预警指标体系，并对我国产业损害预警机制进行了研究，针对我国产业损害预警机制提出了完善的建议。奕绍娟（2006）在研究了一些发达国家和地区的产业损害预警机制和应急预案的基础上，研究了国内重点行业的预警机制，并构建了我国产业损害预警机制、预警模型，并以石化行业为例进行了实证分析。韩朝霞等应用数据、案例分析方法，分析了国际贸易及当前国际贸易对华的反倾销专科，总结了我国建立反倾销预警机制的必要性，并对预警机制的具体运行进行了探讨。盛亚磊（2011）在综合分析了反倾销的各种因素后，分别从主要贸易伙伴、出口国和主要竞争对手三个主体方面对指标进行了归类，并利用计量模型对部分指标之间的关系进行了回归检验，并通过波动系数模型和扩散指数模型的构建与运用说明了预警模型对机制运行的重要作用。

在产业预警系统的实现方面，郭恒川，赵国增（2011）应用 VB. NET 语言实现了计算机对产业损害预警指数的预测。王辉（2005）利用每月从海关取得的进出口数据，利用 Oracle 作为系统强大的数据库，基于数据挖掘理论，采用 B/S 结构为整体框架，建立一套预警系统，作为分析工具和应用平台。沈笑莉（2007）以浙江省粮食安全预警为基础，构建了粮食安全预警平台，利用 Struts 框架实现了 MVC 模式的思想，通过 Hibernate 实现了持久层的操作。杨娜（2010）结合云南省粮食安全实际状况，建立了粮食安全指标体系，利用决策树算法对实际宏观数据进行分析，构建了粮食安全预警模型，利用 Asp. net 平台设计了云南省粮食安全预警系统。值得一提的是，本书的课题组设计了北京市奶牛产业损害预警平台，并已投入应用。

## 1.2.2 养殖场（户）生产力研究

### 1. 生产函数

生产过程是指将投入转化成产出的过程。生产可以通过生产函数、成本函数、利润函数和收入函数来描述，其中生产函数是描述投入和产出之间的关系。根据 Beattie、Taylor（1985）的研究，生产函数描述的是给定投入技术水平下所能获得最大产出可能性。生产函数通常是由数学方程或者图表来表示。生产函数数学方程普通形式如下：

$$Y=f(X)$$

其中 $Y$ 是产出，$X$ 是投入变量，$f(X)$ 表示适用函数形式。在生产过程中投入要素可以分为两部分：可变投入和固定投入。可变投入是指在一段特定时间内要素投入量可以改变，而固定投入是指一段特定时间内要素投入量不可以随意改变。从长期生产过程来看，在生产过程中所有投入变量都被认定为可变投入。但从短期生产过程来看，至少有一个投入要素被认定为固定投入而其他投入将被设定为可变投入。具体函数形式如下：

$$Y=f(X_1 \mid X_2)$$

其中 $Y$ 表示产出，$X_1$ 是可变投入而 $X_2$ 表示固定投入。

一个典型生产函数需要基于以下假设（Beattie、Taylor，1985）：

①公司生产经营过程在一独立时间段内，这一时间不受生产前和生产后段时期影响。

②公司所有投入和产出均为同质。

③生产函数必须满足二次连续可微。

④生产函数、投入值、产出值都是已知。

⑤投入要素都可得。

⑥公司目标是在固定投入水平下利润最大化或成本最小化。

### 2. 生产效率测算方法

生产率可以分为两个子概念：全要素生产率（TFP）和偏要素生产率（PFP）。全要素生产率是指所有变量产出的平均水平总和。偏要素生产率是指某一变量产出的平均水平，通过总产出值除以某一要素投入量来衡量（Farrell. 1957）。养殖场效率状况是指实际生产率和最大潜在生产率之比。最大潜在生产率也就是我们常说的生产可能性边界曲线。效率值可以通过样本数据和生产可能性曲线距离表示（Lissitsa，et al.，2005）。

效率是一个非常重要的经济概念，它是用来衡量生产单位生产状况的重要指标。当企业在生产过程中被认为存在企业经济效率或生产效率，这就意味着企业能够在固定投入下存在最大化产出。生产效率主要指投入转化为产出过程中的相对状况。Farrell（1957）五十年前系统介绍了效率测量方法，他认为效率有两方面：技术效率和配置效率。技术效率是指企业在给定投入水平下能够得到最大产出水平能力或者说是固定产出水平下能够使投入最少的能力，前者被称为投入性技术效率而后者被称为产出性技术效率。

根据 Koopmans（1951）的研究，如果一个企业想要增加一单位投入则必须减少另一产品至少一单位产出或者增加至少一单位投入，或者如果减少一单位投入需要增加至少一单位其他投入要素或减少至少一单位产出，那么我们称企业具有生产效率。配置效率是指在各自价格和技术情况下能够使投入要素获得最大利用的最优组合。如果产品边际产量等于其价格，那么企业具有配置效率。

### 3. 全要素生产率研究

国外对 TFP 的研究历史可以追溯到第二次世界大战结束之后。当时，经济增长已经成为各国学术界研究的一个重要主题，而 TFP 的研究正是在此经济增长理论以及生产理论的框架下衍生并逐渐形成的一个重要分支。经济增长研究是建立在某种总量生产函数的概念之上的，它起源于柯布-道格拉斯生产函数，这一模型的最初目的是揭示市场经济的生产规律。荷兰经济学家 Tinbergen 首先把这一生产函数用于研究经济增长问题，他在生产函数模型中增加了一个用以表示生产效率的时间趋势。

全要素生产率理论与实践已成为经济学的一个重要分支，近年来受到学者的广泛关注，逐渐成为国际上的研究热点。Prescott（1998）的研究认为要素投入的差别只能解释国与国之间人均收入差距的一小部分，人均收入差距主要来源于全要素生产率的差距。Klenow、Rodriguez Clare（1997）的研究也表明国别劳均产出和增长率差异的主要决定因素是生产率差异。与上述几位学者的研究结论不同，Young（1995）利用国民账户增长的核算方法，认为四个东亚新兴工业化经济体战后高经济增长率主要靠要素投入驱动，TFP 的作用不大，Kim、Lau（1994）也得到了类似的结论。Berger、Humphrey（1997）对188 份美国银行业的效率研究报告进行了研究，结果显示，利用非参数方法测度的效率值为 0.72，而参数方法得到的均值为 0.84，之所以造成这种差距，Berger、Humphrey 认为和两种方法内在特点有关。王兵、吴延瑞、颜鹏飞（2008）研究了 APEC 17 个国家和地区 1980—2004 年包含 $CO_2$ 排放的全要素生产率增长及其成分，认为考虑环境管制后，APEC 的全要素生产率增长水平提高，技术进步是其增长的源泉；17 个国家和地区中，有 7 个国家和地区至少移动生产可能性边界 1 次；人均 GDP、工业化水平、技术无效率水平、劳均资本、人均能源使用量和开放度均对环境管制下的全要素生产率增长有显著的影响。

由于 Tinbergen 的研究最初是用德文发表的，因此，直到 1955 年才被英语国家的经济学家了解。由此为开端，国外的学者开始了对 TFP 的理论、方法、应用等各方面的研究。关于 TFP 基础理论、方法论的研究，国外学者在 TFP 的基础理论和方法论方面做了许多开创性的研究，取得了很多重要成果，国内学者现在所用的分析理论和方法多数是在此基础上发展而来的。Sollow于 1957 年发表了一篇名为《技术变化和总量生产函数》的经典文章，文章把总产出看作资本、劳动两个投入要素的函数，从总产出增长中扣除资本、劳动力带来的产出增长，所得到的“余值”作为技术进步对产出的贡献。结果表明，美国在 1909 至 1949 年间的经济增长 80％多要归功于技术进步。后人将此种计算生产率的方法称之为索洛余值法。索洛余值法通过一些前提假设将复杂的经济问题简化处理，主要包括：市场条件为完全竞争市场；技术进步是非体现型的、希克斯所定义的中性技术进步；生产要素投入主要是资本和劳动，且资本和劳动在任何时候都可以得到充分利用等。然而，索洛余值法也正是由于这些前提假设，带来了它在使用上的局限性。首先，为了理论上的需要，他在前提假设中要求资本、劳动力得到充分利用，这与实际生产情况差别较大。其次，索洛的方法是借助经济计量和数学推导，用总生产函数间接地测定“余值”作为技术进步的贡献。这个“余值”是总产出增长率与各要素投入增长加权总和的差额。显然，“余值”不仅包含了狭义的技术进步，还包括了其他因素的影响，如市场环境的改善、自然灾害的减少、劳动质量的提高等。如果不能区分这些因素，将直接导致技术进步贡献力的高估。此后，美国经济学家 Denison 提出了用增长核算法来计算 TFP。他认为，Sollow 测量的技术进步之所以存在一个较大的 TFP 增长率，主要是由于对投入增长率的低估造成的，而这种低估则又是由于对资本和劳动两种投入要素的同质性假设造成的。因此，在对美国经济增长的研究中，他对投入要素进行了更为细致的划分，如将劳动投入分解为劳动时间、就业状况等因素。而最终估算出的美国 1929—1948 年 TFP 增长率对国民收入增长的贡献为 54.9%，显著低于 Sollow 的估算。对 TFP 方法论研究有重要贡献的另外一位学者就是美国经济学家 Jorgenson，Jorgenson 的研究从某种意义上说是从对 Denison 研究方法的详细考察开始的。Jorgenson 和 Griliches 1967 年发表了一篇评论 Denison 方法的文章“解释生产率的变动”，文中指出了该研究方法中的几个明显的问题，一是在 Denison 的研究中混淆了折旧与重置的区别；二是在处理总产品测定中的折旧和处理资本投入测定中的重置时，存在方法上的不一致。同时，他提出了新的资本投入测定方法，克服了 Denison 方法中的内部不一致性。此后，Jorgenson 采用比 Denison 更为精确的方法对 1948—1979 年美国经济增长进行了估算，将 TFP 增长率对美国经济增长的贡献缩减到了 23.6%，位居资本与劳动之后。在 TFP 研究的初期，多数学者采用增长核算法来测量 TFP。随着研究的深入，又出现了一些新的计算方法，如 Farrell（1957）首次通过构造确定性的生产前沿面，来测量技术效率。Aigner 等（1977）首次采用包含随机误差的随机生产前沿模型。Charnes 等（1978）首次提出了数据包络分析法。Malmquist 指数方法也是一种被广泛采用的方法，它是基于数据包络分析法而提出的。1982 年，Caves 等提出了由 Tornqvist 推算出 Malmquist 指数的计算方法，并首度将此指数用来作为生产率指数使用。在对中国经济问题研究的学者中，我们不得不提到邹至庄（Chow）先生，他从 20 世纪 80 年代就开始关注中国的经济发展，是较早研究中国经济的外国学者之一。他主要的研究工具是总量生产函数。邹至庄（1993）对中国 1952—1980 年农业、工业、建设业、交通运输业和商业五个行业的生产函数进行估计，测算了资本对经济增长的贡献。他认为这个时期，中国没有技术进步，是资本投入推动了经济的增长。邹至庄和 Li 等（2002）再次通过估计C-D 生产函数，来解释 1952 年以来中国的经济增长。结果表明，中国在 1952—1978 年的 TFP 保持不变，1978—1998 年间的 TFP 年均增长率为 2.7%，1978—1998 年资本、劳动、TFP 对经济增长的贡献分别为 62%，10%，28%。文章认为，鉴于资本对 GDP 的高贡献率和较高的产出弹性，即使 TFP 在以后的 10 年间有所下降，中国经济仍然能够保持至少 7%的增长率。

#### 4. 奶牛养殖生产效率的研究

曹暕（2005）利用全国多个省市的调研资料，运用随机前沿生产函数测算中国原奶生产的经济效率，分析了影响经济效率的因素，随机前沿分析方法分析了农户原料奶生产的技术效率、配置效率，结果表明，散户原料奶生产存在一定的技术效率损失和配置效率损失，奶牛散养模式的效率高于国有规模奶牛场的效率。卜卫兵（2007）运用江苏省的数据，初步计算出了奶牛散养、养殖小区和规模场的经济效率，结果表明散养模式经济效率相比其他两种模式最高，规模场模式最低。彭秀芬（2008）采用了随机前沿生产函数分析方法测算了我国不同的地区、主要养殖方式（散养模式、小规模、中规模、大规模模式）下生鲜乳的技术效率，结果显示中规模方式的技术效率相比其他模式效率最高。

杨建青（2009）采用了柯布-道格拉斯生产函数测算了中国不同地区生鲜乳生产的技术效率，结果表明大城市周边的生鲜乳生产的技术效率最高，技术效率最低的是华北地区。杜凤莲等（2011）运用随机前沿分析的方法测算出生鲜乳生产模式的经济效率、技术效率和配置效率，在此基础上，用 Tobit 回归模型对影响生鲜乳生产的因素进行了分析。Coelli（2004）利用 1997 年的调查数据运用随机前沿生产函数分析了丹麦奶牛场的生产效率。Ogunyinka、Ajibefun（2003）用 Tobit 模型分析了导致技术无效率的各因素，结果表明参加推广的次数、受教育水平、土地投入和是否为农民协会成员是影响技术效率的因素。Brova · Ureta、Rieger（1991）用随机边界生产函数来分析，测算了技术效率、配置效率和经济效率（总效率），并运用 Analysis of Variance 和 Krnskal-Wallis 测试两种方法分析了效率与四个社会经济因素——农户规模、教育水平、经验和参加项目与否之间的关系。

国外有关奶牛的研究包括，Ronald W. Cotterin 研究出牛奶不存在单一的固有价值，牛奶的价值视其所销售的市场结构而定，基本上定价如何在经济中运行决定了市场上包括牛奶在内的所有产品的价值（Ronald W. Cotterin，2004）。丹麦皇家农业大学的副教授 Christian Friis Bach 提出《贸易改革对世界奶业的影响》的报告，这份报告给出 1995—2010 年这 15 年全球奶业的发展进步和中国的奶业发展趋势，显示了奶类需求的进口价格、出口价格、收入弹性、生产量、进口量、出口量、消费量等各关键变量。该份报告是基于 GTAP 修正模型来完成和研究的。Hall、Leveen（1978）较早地研究了经济效率与农户规模的关系，他们的分析指出相对合适规模的农户可以取得与规模相关的大部分成本费用的节约（Christian Friis Bach，2001）。Mitchen 研究了生产生物能源和粮食价格变化的关系，发现生物能源的大量生产最终导致了全球粮食价格大幅上涨（Mitchen，2008）。Feinerman 与 Falkovitz 两人沿用新古典经济学的理论去构造了一个合作社，合作社为社员提供生产和消费服务，且社员的生产决策与消费行为是同时被确定的情境，最终两人分析出这样的合作社是可以确定一套有效的运作模式来指导社员的行为，以使社员总福利达到最优

(Feinerman，2003)。Smith 提出一个国家像货币政策之类的宏观经济政策，会直接或间接地影响本国粮食或者农产品价格的波动，影响农业产业的发展，因此为了综合考虑本国粮食和农产品价格，宏观经济政策的出台要慎重(Smith，1992)。Titus O. Awokuse 运用 VAR 模型对 1975—2000 年的农产品价格进行了分析，指出农产品价格的影响主要是宏观经济工具中汇率水平对其的影响，货币供应量的多少作为货币政策的手段，对农副产品价格影响是很小的，极其微弱的（Titus O. Awokuse，2005）。日本学者对东北亚地区奶业经营模式转型的问题进行了研究，并分析了经营模式转型过程中存在的问题，对东北亚地区奶业经营模式的转变提出有效可行的意见和建议（小宫山博，2011）。Ogunyinka 和 Ajibefun 用 Tobit 模型分析了导致技术无效率的各因素，结果表明参加推广的次数、受教育水平、土地投入和是否为农民协会成员是影响技术效率的因素（Ogunyinka、Ajibefun，2003）。Qiuyan Wang 在《宾夕法尼亚奶牛养殖场的技术效率分析》中对奶牛养殖技术效率进行了分析，认为大规模饲养技术效率高于小规模饲养（Qiuyan Wang，2001）。Arias 对西班牙奶牛场的生产效率进行了分析，奶业生产效率和奶牛养殖规模之间存在着显著性的相关关系（Alvarez，2004）。通过测算意大利奶牛场的技术效率，得出大农场并没有显示出特别高的技术效率，同时发现小农场的技术效率也比较高(Pierani，Rizzi，2003)。Grisley 和 Mascarenhas 研究认为大规模牧场之间的效率差异要小于小规模农户。此外还在以挤奶效率作为确定牛群规模的标准的研究中，从规模、劳动力、粪污处理、管理等几个因素出发，分析认为 1 500 头的奶牛场规模效应最理想（Grisley、Mascarenhas，1995）。对中国、美国、日本三个国家的乳制品生产成本比较是从供给角度方面进行考虑的，他的研究结论是由于廉价的劳动力，中国的奶业生产具有明显的优势，在这三个国家中，中国的生产成本为 0.16 美元/千克，日本的生产成本为 0.62 美元/千克、美国的生产成本为 0.24 美元/千克，但是由于美国、日本的饲养规模明显高于中国，产业化水平也比中国高，因此美国和日本的奶牛单产水平明显高出中国，2005 年美国和日本的奶牛的单产水平都分别是中国的 3 倍多（James Simpson，2006）。

Anning Wei 对中国奶业的生产进行了研究，他认为生产过于分散和生产成本过高是阻碍中国原料奶生产的主要因素（Anning Wei，1999）。G. Opsomer 等在对 344 头高产奶牛进行调查分析的基础上，采用多变量逻辑回归模型对影响奶牛繁殖的风险因素进行了分析，指出影响奶牛繁殖的风险因素主要有产犊期、临床疾病、奶牛妇科病、哺乳期混乱等因素（G. Opsomer，2000）。Matthew Gorton，Mikhail Dumitrashko，等指出市场失灵的主要原因是奶农和企业之间的信息不对称，这种不对称会影响乳品的质量安全（Matthew Gorton，2006）。O. Fiaten，G. Lien 等采用调查问卷和多元分析的方法得出奶业生产风险来源主要来自土地租赁、信贷可获得性、劳动力雇佣成本、牛奶产量等因素的结论（O. Fiaten，2005）。Bachev H. 在对保加利亚奶牛场的风险管理进行分析时，指出奶牛场的风险管理主要面临着自然风险、市场风险、制度风险、代理风险和饲养管理风险，并在定性分析后指出政府对奶牛场的风险管理是无效的，其原因是政府和其他部门不应该干预市场和私有企业的变化（Bachev H.，2008）。Christian Schaper，Birthe Lassen 等在对欧盟五个国家的奶业生产风险进行实证分析时指出奶业生产风险是农业生产风险中最重要的一个风险，由于意外事故和疾病而损失工人是奶牛场主所面临的最大风险，并指出可以通过进一步加强乳品企业、奶农、保险公司、银行和研究院之间的合作来提高奶业生产风险管理（Christian Schaper，2010）。O. Fiaten，G. Lien 等在对传统的家庭奶牛场和合作组织的奶牛场进行风险管理比较时，通过对 525 个奶农进行调查，得出对合作组织的奶牛场来说，农场支持风险位于第一位，制度风险和产品风险紧随其后。传统的奶农更加关注生产成本和对奶牛的补贴。财政政策被看作是处理风险的最主要办法（O. Fiaten，2005）。J. F. Mee 在对奶牛难产率的风险因素进行评价时指出，对整个奶业产业而言，奶牛难产率的控制主要依靠遗传基因的选择、奶农的教育水平及对繁殖的重视程度。对整个牛群而言，奶牛难产率的风险控制主要是种公牛的选择、小母牛的生长以及对难产疾病的检疫水平。对个体奶牛来说，难产率的风险控制主要依靠饲养水平和待产时期对奶牛的足够重视（J. F. Mee，2008）。D. A. Moor 等在对美国西部的奶牛进行生物风险评估管理时，尝试性地对生物风险管理的评估问卷做了评价、补充和提炼，指出一个有效的，容易使用的风险评估工具是奶业生产风险管理中最重要的步骤（D. A. Moor，2010）。S. M. Gulliksen 等在对挪威 1 250 头奶牛的牛初乳质量进行风险因素调查时，用 SAS 分析工具得出，影响牛初乳质量的风险因素主要与产犊期和奶牛的繁殖力代次有关（S. M. Gulliksen，2010）。

## 1.3 研究目标和内容及数据来源

### 1.3.1 研究目标

①利用统计数据计算出我国各个地区奶牛生产效率和产出情况及要素投入产出状况。

②利用随机前沿生产函数和概率优势函数模型，明晰技术效率的变化情况，找出影响奶牛养殖技术效率的主要因素，并完成优势区域布局的评价和

判断。

③算出我国奶牛养殖不同规模在生产过程中各要素对产出的贡献率，了解我国养殖环节各要素利用情况。

④从微观层面剖析养殖户养殖积极性。希望提出能够提高农民养殖积极性的政策和激励机制。

### 1.3.2 研究内容

本研究旨在测定我国奶牛养殖户生产技术效率，并通过对散养、小规模、中规模以及大规模四种奶牛养殖模式的技术效率分别测算，总结随着规模的扩大技术效率的变化情况。同时通过研究影响我国奶牛养殖技术效率的主要因素以及各规模下各种生产要素的产出弹性，得出相应的提高技术效率的政策措施，并通过和世界主要国家奶牛生产国的生产效率对比，以期为我国奶牛养殖户生产水平的进一步提高奠定理论和经验基础，具体内容如下：

总结已有生产效率的研究成果和测定方法；

①概括我国现阶段奶牛养殖业的发展情况，利用统计数据比较四种养殖规模下主产区各种要素投入使用情况、单要素生产率和产出情况。

②测算世界和我国原料奶生产效率，利用随机前沿生产函数分析随着规模的扩大技术效率的变化情况以及影响技术效率的主要因素。

③分析我国各个地区各投入要素的产出弹性，得出不同规模在生产过程中各要素对产出的贡献率。

④利用概率优势函数模型开展区域优势比较，完成优势区域布局的评价和判断。

⑤在全国范围内分析奶牛养殖户养殖意向及其影响因素，从微观层面剖析养殖户养殖积极性。

### 1.3.3 数据来源

选取2007—2012年数据。具体统计来源：《中国统计年鉴》、FAO数据库，获取各省奶农受教育状况、养殖规模等数据。《中国奶业年鉴》，获取奶牛存栏数量、原料奶产量、各个省份城镇居民乳制品消费支出、中国历年乳制品产量等数据。全国农产品成本收益汇编，获取全国及各地区的劳动力、资本、精饲料、粗饲料、疾病防疫费用等成本数据，以及单产、原料奶出售价格等收益数据。具体微观数据将根据实地调研奶牛养殖场（户）调查问卷结果进行修正。问卷调查主要涉及内蒙古、青海牧区，以获取牧区养殖户基本情况，包括家庭信息，经营管理状况、成本收益情况等。通过以上信息对我国奶牛主产区奶牛养殖现状、养殖意愿等进行定量分析。2013 年 6 月～8 月，课题组对内蒙古自治区、青海省两地进行调研，发/收问卷为 800/753 份，问卷有效率 97.4%。调研基本信息涉及如下：

①养殖场法人背景信息，包括文化程度、性别、职务等。

②养殖场基本信息，包括养殖场类别、所有制形式、职工情况等。

③养殖信息，包括牛奶产量、存栏和出栏情况。

④场区信息，包括场区布局、提供服务状况、接受服务形式、管理内容支持等。

⑤经营管理信息，包括饲料采购渠道、饲料消耗比例、养殖记录情况、养殖收入情况、养殖计划及意愿调查等。

⑥疫病防治信息，包括疾病防护措施、疫病发生情况等。

⑦政府补贴信息，包括政府补贴类型、当地政府支持力度等。

## 1.4 研究方法和分析框架

### 1.4.1 研究方法

以经济学中生产效率和技术效率定义为基础，结合定量分析方法考察中国各养殖规模、各个主产区间的奶牛生产技术效率。模型方法主要指 Battese、coelli（1995）所提出的测算生产技术效率的实证模型，其可以同时估计奶牛生产的随机前沿生产函数、生产技术效率及技术效率影响因素，并且进一步可以计算各投入要素产出弹性的变化情况、分析投入对产出的影响等。运用概率优势法对我国奶牛生产优势区域进行比较研究及成因分析等。运用文献分析法，进行大量分析国内外关于奶牛养殖场（户）生产效率的研究成果，尤其是对国内奶牛养殖提供成功经验，掌握相关领域研究的最新进展，为本书的研究提供参考依据。运用比较分析法，通过对国内奶牛养殖场（户）生产现状和国外主要奶牛生产国进行比较分析，借鉴国外成功经验，积极探索中国奶牛养殖模式创新。并对全国主要奶牛生产区养殖场（户）进行调研，样本容量1 000份。同时还采用深度访谈法，深入了解我国奶牛养殖户发展情况以及在运行中存在的问题。

### 1.4.2 研究的分析框架

本书将主要研究分为六章：其中第二章主要对文中涉及主要概念进行界定，并对涉及模型进行详细介绍；第三章一方面通过各年鉴数据收集，整理出我国各省份奶牛生产布局并摸清生产布局区位移动规律，另一方面，分析全国范围内奶牛饲养成本与收益情况，最后根据奶牛养殖意向调查，用定量方法对养殖户意向趋势进行判断；第四、五章对全国各地区生产效率测算，并计算各个规模产出弹性和技术效率影响因素；第六章对各地区各规模奶牛生产优势成因比较，并对生产布局移动做出预测；第七章根据研究结果并结合奶牛养殖存在问题提出针对性建议。

# 概念界定及研究模型

本章对相关概念进行界定，为后续研究界定理论框架，并系统介绍文章涉及的三个理论模型。并根据各模型特性结合实际研究需要选择变量。

## 2.1 相关概念界定

### 2.1.1 生产效率

生产率和生产效率经常被学者相互代替使用，但是它们事实上不是同一种概念。生产率是一个绝对概念，它描述的是投入产出比例。而效率是一个相对概念，它描述的是投入产出要素实际比和最优比之间的差距。如果企业存在生产效率，这就意味着企业能够在固定投入下存在最大化产出。

### 2.1.2 经济效率

经济效率是社会经济运行效率的简称，是指在一定的经济成本的基础上所能获得的经济收益。在西方经济学中，经济效率还可表示一种状态，即帕累托最优状态。在这一状态下，所有的帕累托改进都不存在，即在该状态上，任何改变都不可能使至少一个人的状况变好而又不使其他人的状况变坏。本书中生产效率和经济效率不做具体细分，当文中提到企业具有生产效率也即具有经济效率。

### 2.1.3 技术效率

生产过程中效率通常是通过不同投入要素水平的生产函数来定义。而技术效率则是指一个农场能够在固定投入水平下获得最大产出。换句话说，技术效率是指投入要素在生产过程中的实体关系。技术效率是通过等效率曲线和产出曲线来衡量。效率养殖户其生产位于生产前沿曲线或在效率曲线上。一般来说，如果养殖场存在技术效率那么根据样本投入和产出数据，样本点落在前沿曲线上。（Fraser、Cordina，1999）。而那些落在前沿曲线内的样本都被认为不存在技术效率。

## 2.2 研究模型

### 2.2.1 比较优势及生产效率测度方法综述

本节主要描述测量养殖场生产效率方法。传统生产函数经常用来测量效率水平和配置效率。生产函数方法主要是估算生产函数方程。在过去研究中，C-D生产函数是较为成熟和常见的生产函数形式。边际价值产品（MVP）和边际要素成本（MFC）行进对比，如果MVP和MFC不相等，说明投入要素未被充分利用（Hussain，1999）。生产函数法广泛用于农业生产效率、配置效率测算过程中。如Hooper（1965），Chennareddy（1967），Wise、Yotopoulous（1968）利用生产函数法对Schultz（1964）经典假说“贫困但有效率”进行检验，并得出结论：在发展中国家农户在有限资源水平下生产更有效率。

利用生产函数法对生产效率及配置效率、技术效率进行测算也备受诟病。Lipton（1968）就曾因气候、价格、文化等因素存在不确定性而质疑生产函数法。这些因素都有可能影响自由市场运行。Lau、Yotopoulous（1971）认为生产函数法往往存在联立方程偏倚问题和多重共线性问题。Sampath（1979）认为生产函数法是基于新古典假设，即决策者有充足知识储备并在完全竞争市场运行，但是这一点在传统农业市场根本无法达到。但是以上问题都可以通过一种叫前沿生产函数方法来避免。

典型前沿生产函数是通过现有技术和投入水平能够得出最大产出水平。Farrell（1957）把回归估计出的生产函数作为最佳实际生产前沿面。最佳实际生产前沿面将作为标准来衡量企业生产效率。前沿生产函数法的目的是估算出前沿面而非生产函数。自从Farrell发明出这一方法，前沿生产函数法就被广泛用于生产研究方面。前沿模型经过Farrall时代的延伸和发展，大致分为参数前沿和非参数前沿。

参数前沿根据特定函数形式可以分为确定性前沿和随机前沿。如果样本都位于前沿面之内或前沿面上，则可以称之为确定性前沿。如果样本由于随机事件落在前沿面之外则称之为随机前沿。

Aigner、Chu（1968）提出了C-D生产函数形式的参数前沿生产模型。模型形式如下：

$$\ln(y_i) = X_i\beta - \mu_i \qquad i = 1,2,\cdots\cdots,n$$

其中 $y_i$ 表示第 $i$ 个单位产出值，$X_i$ 表示第 $i$ 个单位 $k$ 个投入变量，$\beta$ 表示未知参数，$\mu_i$ 是和技术效率相关联的随机扰动项，ln表示经过对数化处理。

根据第 $i$ 个单位产出值和其潜在产出能力进行对比，在固定投入水平下，技术效率为：

$$TE_i = \frac{y_i}{\exp(X_i\beta)} = \frac{\exp(X_i\beta - \mu_i)}{\exp(X_i\beta)} = \exp(-\mu_i)$$

上述模型为确定性前沿模型，因为样本产出 $y_i$ 都在前沿面内，exp（$X_i\beta$）。Afriat（1972）提出一个相似模型，与 Aigner 和 Chu（1967）设计模型唯一区别在于 $\mu_i$ 是伽马分布，模型中参数估计使用的是最大似然估计（ML）。

Richmond（1974）不久后发现 Afrait（1972）设计模型可以通过纠正后普通最小二乘法（COLS）。Schmidt（1976）指出如果 $\mu_i$ 呈指数分布或半正态分布则线性或二次规划参数为最大似然估计值。确定性前沿模型假设任何偏离前沿曲线情况都是由于效率低下导致，因此，模型对于离群值特别敏感。根据 Greene（1993）研究发现测量误差或因变量中随机变异项都会影响预测结果。因此，离群值对效率预测结果有深远影响。

随机前沿生产函数模型就成功克服了离群值和噪声问题。随机前沿生产函数将误差项分成两部分，一部分为技术效率项，另一部分为随机项。技术效率项是由于企业存在技术非效率现象而导致，随机项则是由测量误差和其他随机不可控因素导致。

随机前沿生产函数是由 Aigner，et al.（1977）及 Meeusen、Van den Broeck（1977）设计的。

随机前沿生产函数形式为：

$$\ln(y_i) = X_i\beta + v_i - u_i \qquad 其中\ i = 1,2,\cdots\cdots,n$$

其中 $v_i$ 是随机扰动项，表示测量误差和不可控因素影响。Aigner，et al.（1977）假设 $v_i$ 独立并符合标准正态分布，并且其方差和平均值互相独立。$\mu_i$ 是技术效率项，表示企业技术非效率程度，并假设符合独立指数分布或半正态分布。以上模型之所以称之为随机前沿模型是因为样本 $y_i$ 位于随机前沿面 exp（$X_i\beta+v_i$）之外。

图 2-1 可以用来说明随机前沿生产函数模型。纵轴表示产出，横轴表示投入。确定前沿生产函数表示为：$y_i=\exp(X\beta)$，生产函数假设存在规模报酬递减。图中 $v_i$ 表示随机项，当 $v_i>0$ 时，表示随机项对生产前沿面有正向影响，反之亦然。$u_i$ 表示技术效率损失，则根据 $TE_i$ 技术效率计算公式：

$$TE = \frac{y_i^*}{y_i} = \frac{\exp(X_i\beta + v_i - u_i)}{\exp(X_i\beta + v_i)}$$

尽管随机前沿生产函数较为成熟，但是学术界对他的批判也从未停止，主要涉及以下几个方面：

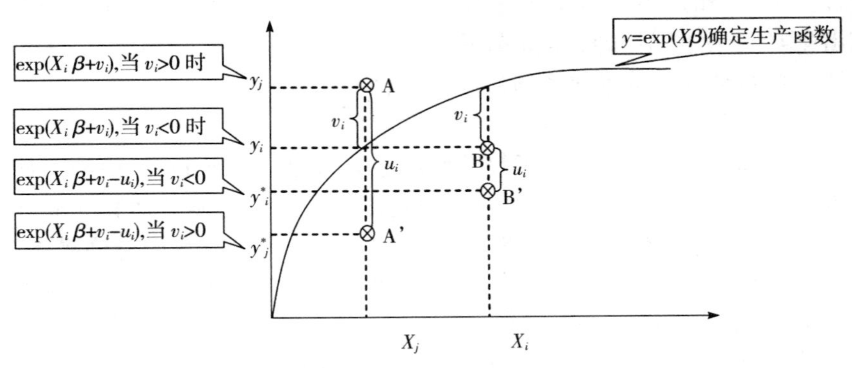


图 2-1 随机前沿生产函数

①随机前沿生产需要依赖确定生产函数形式，而这种形式难以估计。

②对于技术效率项没有预先先检验判断过程。

③随机前沿生产函数不能应用于多种产出项。

对于非参数前沿模型，最典型代表当属数据包络分析法（DEA），这种方法主要基于线性规划理论上延伸出来的。DEA 无需对生产系统投入和产出之间进行函数形式确定，需要指标较少，有较大灵活性。由于本书只涉及参数前沿函数法，因此对非参数法不再过多赘述。

## 2.2.2 随机前沿生产函数模型介绍

随机前沿生产函数模型是由 Aigner，Lovell，Schmidt（1977）和 Meeusen、Van Den Broeck（1977）分别提出来的。他们两者基本无差别，只是在误差项方面运用考虑到不同分布。$v_i$ 是随机项或其他不可控因素导致，其可负可正。$u_i$ 则是非负项，它是从效率前沿面中剥离出来，表示技术效率。Battese 和 Coelli（1995）设计的随机前沿生产函数模型，在面板数据中其方程一般形式为：

$$y_{it} = x_{it}\beta + v_{it} + u_{it}$$

$y_{it}$ 表示第 $i$ 个生产单位在第 $t$ 时期的产出，$x_{it}$ 表示生产单位 $i$ 的一个自变量在第 $t$ 时期的投入值，$v_{it}$ 和 $u_{it}$ 表示随机扰动项，$\beta$ 为各投入自变量待估系数。Battese 和 Coelli（1995）将技术效率影响因素模型扩展到面板数据，并能够计算出技术进步和时间序列下技术效率影响因素。技术非效率影响因素模型如下：

$$u_{it} = z_{it}\delta + w_{it}$$

其中 $u_{it}$ 表示在 $t$ 时期第 $i$ 个生产单位的技术效率值，$z_{it}$ 是指影响第 $i$ 个生产单位技术效率的影响因素，$\delta$ 表示模型待估系数，$w_{it}$ 符合截断正态分布。随机前沿生产函数模型和技术非效率影响因素模型都将使用最大似然估计（ML）法进行估计。技术效率估计值可以表示为：

$$TE_{it}=e^{-U_{it}}=e^{-z_{it}\delta-w_{it}}$$

之所以选择随机前沿生产函数模型，这是因为相对于 DEA 模型有如下几个优点：首先，SFA 是以经济学为基础延伸出来的，它能够估算标准差和通过最大似然估计进行假设检验。SFA 顾名思义，在估算过程中允许噪声存在，因此不是所有偏离效率前沿面都是由技术非效率导致。SFA 支持面板数据估计而 DEA 只能分别计算每年数据。

在本次研究中，笔者选择超对数函数形式来表示生产状态：

$$\ln y_{it}=\beta_0+\sum_{k=1}^{4}\beta_k\ln x_{kit}+\beta_t t+\frac{1}{2}\sum_{k\leqslant j}^{3}\sum_{j=1}^{3}\beta_{kj}\ln x_{kit}\ln x_{jit}+\frac{1}{2}\beta_{tt}t^2+\sum_{k=1}^{4}\beta_{kt}\ln x_{kit}+v_{it}-u_{it}$$

其中，$y_{it}$ 表示在 $t$ 时期第 $i$ 个养殖户牛奶产量；

$X_{1t}$ 表示在 $t$ 时期第 1 个养殖户年人工成本；

$X_{2t}$ 表示在 $t$ 时期第 2 个养殖户年固定投入；

$X_{3t}$ 表示在 $t$ 时期第 3 个养殖户年精饲料投入；

$X_{4t}$ 表示在 $t$ 时期第 4 个养殖户年粗饲料投入；

T 表示样本时期（2007＝1，2008＝2，2009＝3，2010＝4，2011＝5，2012＝6）；

$v_{it}$ 和 $u_{it}$ 分别符合正态分布和截断分布。

在奶牛养殖户生产中技术效率受到诸多因素影响，这些影响因素主要涉及自然因素、生物因素、资本因素和经济环境等。考虑到奶牛养殖特性及数据可获得特点，本书采用技术非效率影响因素模型。

技术非效率影响因素模型形式如下：

$u_{it}=\delta_0+\delta_1 A+\delta_2 B+\delta_3 T+\delta_4 C+\delta_5 D+\delta_6 E$

其中 $i$ 为样本容量，$t$ 为时期；

A 为养殖户当年支出医疗防疫费；

B 为养殖户当年死亡损失费；

C 为牛奶平均售价；

D 为牛奶产量比，即当地牛奶产量占当地奶牛总产量的比值；

E 为提供饲料潜力，通过当地玉米、马铃薯、花生作物产量总和计算得到。

技术非效率影响因素模型主要是用来解释各养殖户技术效率差异原因。本书用此模型主要是解释各变量在各时间段内对养殖户影响程度进行预测分析。首先技术非效率影响因素被假设为正态分布，技术非效率影响因素模型和技术效率测算模型必须同时估算，而非在测算后再进行影响因素分析。

### 2.2.3 概率优势函数模型

奶牛养殖生产优势如何测算才较为准确是个具有争议性议题。本研究认为生产成本是影响奶牛产业竞争力最为重要的因素，某些区域由于生产成本较高，屠杀奶牛退出奶牛养殖市场现象较为严重，而另外有些地区奶牛养殖却办得风生水起。本书选择概率优势指数模型作为衡量不同地区竞争力高低的重要手段。概率优势分析是以期望效用模型为基础，根据累计概率分布，分析决策行为主体在面临自然条件、出售价格变动等不确定性风险时，如何在两个替代方案之间进行选择的一种分析方法，这种方法可用来测量特定作物的品种之间、地域农业或生产部门之间的概率优势。

概率优势分析假定：①养殖场（户）期望效用最大化；②养殖场（户）是风险规避型；③可选方案之间为必选项。

根据概率优势模型的理论，本书的具体分析步骤如下：

①将2006—2012年每50千克牛奶生产成本通过农产品生产价格指数统一调整为2006年不变价；

②测算各主产区奶牛主产品生产成本增长率 $v$，$v=x_t/x_{t-1}$ 其中 $x$ 表示牛奶生产成本，$t$ 表示年份；

③并对 $v$ 按照升序排列；

④假设每年为1个样本，则各年生产成本增长率 $v$ 出现概率为1/6（2006—2012年数据）；

⑤计算累计概率 $s$，$s$ 最高值取0.99；

⑥$s$ 和 $v$ 之间存在以下关系：

$v=-a/b+1/b*\ln(1/s-1)$，当 s=1/2 时，$v=-a/b$，此时，截距项 $-a/b$ 称之为一级概率优势值（FSD）。如果该描述主体为生产成本则FSD越小，则表示该地区奶牛生产越有优势。如图2-2所示，A、B两方案在 $s=1/2$ 时，$v_1<v_2$，说明其生产成本明显小于B方案，也就是说 $FSD_1<FSD_2$。

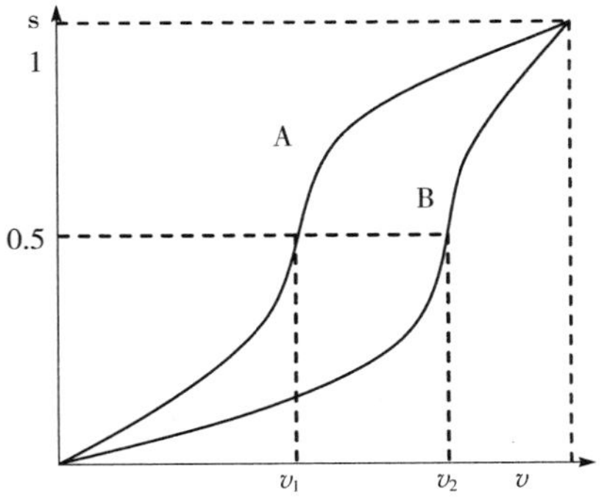


图2-2 奶牛生产成本概率优势图

### 2.2.4 多元 logistic 模型

本书运用实地调研数据，分析奶农
养殖意向，即奶农想要退出养殖业还是想要扩大生产。由于其意愿衡量指标为定性变量，即离散型、非连续性数据，所以考虑进入二元 logistic 模型。根据二元 logistic 模型形式如下：

$$Y=\beta_0+\beta_1X_{1i}+\beta_2X_{2i}+\beta_3X_{3i}+\beta_4X_{4i}+\beta_5X_{5i}+u\ (i=1,2,3,4,\cdots,n)$$

上述 logistic 回归中常数项 $\beta_0$ 表示不受其他自变量影响时，Y 发生于不发生概率之比对数值。在 logistic 回归中，回归系数表示这一自变量增加或减少一单位会导致 Y 发生和不发生概率之比对数值。根据 Logistic 回归，对 Y 进行赋值，当因变量发生时则 $Y=1$；相反，则 $Y=0$。其基本模型为：

$$P(Y_i=1\mid X_{ij})=1-F[-\beta_0+\sum_{j=1}^{k}b_jX_{ij}](i=1,2,3,\cdots,n)$$

$$\pi=Pro(Y=i\mid X)=\frac{e^{\beta_n x_n}}{1+\sum_{m=1}^{M}e^{\beta_n x_n}}$$

$$Log\left(\frac{\pi_i}{1-\pi_i}\right)=\beta_0+\sum\beta_jX_j$$

## 2.3 本章小结

本章第一节首先对全文重要概念进行重新界定，即描述经济效率、生产效率、技术效率之间关系。经济效率是指企业能够充分利用自身投入，生产效率则指养殖户能够兼顾配置效率和技术效率提高投入利用率。这里经济效率和生产效率不做具体细分，生产效率的实现则需要技术效率提高完成。第二节主要对文中涉及的三个模型进行详细描述，本书对技术效率测算方法主要是随机前沿生产函数模型，模型以超对数生产函数为主要生产形式。概率优势模型主要通过生产成本比较来分析各主产区一级概率优势值（FSD），FSD 越小表示该地区生产优势越大。二元 logistic 模型主要用来分析养殖户养殖意向，通过添入主要影响因素，并对各要素进行定量分析。

# 3 我国奶牛养殖场(户)生产发展总体概况

本章从宏观层面分析我国各省市养殖场（户）生产分布情况、主产区养殖区域分布。并通过全国各规模养殖场（户）成本收益分析，了解我国奶牛养殖场（户）生产压力趋势。然后，从微观角度根据内蒙古、青海等地实地调研数据，进行养殖意向研究，意图在微观层面找出影响我国奶牛养殖户养殖积极性因素。最后从乳制品进出口角度分析我国乳制品进出口结构及在世界中的位置。

## 3.1 奶牛养殖场（户）区域分布

### 3.1.1 各省份饲养规模和产量份额

为了解我国各省份养殖场（户）饲养规模情况，首先分析各省份奶牛存栏量和产量情况（表 3 - 1）。从存栏量来看，内蒙古（19.10%）、黑龙江（13.38%）、河北（13.10%）奶牛存栏量份额分居全国第一、二、三名，而新疆（10.47%）、山东（8.73%）位列第四、五名。位居全国前五名省份总存栏量占我国总存栏量的 64.78%。由此可知，我国奶牛养殖大都分布在黄河以北的地区。从产量来看，内蒙古（24.83%）居全国总产量第一位，而其存栏量却远低于其产量份额，这足以验证内蒙古奶牛大省及呼和浩特市“乳都”称号。全国各省产量排行榜几乎复制存栏量排行榜，这点倒也合情合理，但新疆产量却仅占 3.57%，和其存栏量远不成正比，这也印证了西部欠发达的事实。同样的情况在西藏、青海等西部地区也存在，西藏、青海存栏量分占全国总存栏 2.58%和 2.11%，但其产量份额却仅占 0.65%和 1.01%。

**表 3 - 1 2012 年各地区奶牛饲养分布**

| 省　份 | 年初饲养规模 | | 总产量 | |
|---|---|---|---|---|
| | 存栏（万头） | 份额（%） | 产量（万吨） | 份额（%） |
| 全　国 | 1 440.16 | 100 | 3 743.60 | 100 |
| 北　京 | 15.07 | 1.05 | 65.10 | 1.75 |

（续）

| 省份 | 年初饲养规模 | | 总产量 | |
|---|---|---|---|---|
| | 存栏（万头） | 份额（%） | 产量（万吨） | 份额（%） |
| 天津 | 15.79 | 1.10 | 67.90 | 1.89 |
| 河北 | 188.66 | 13.10 | 470.4 | 12.55 |
| 山西 | 28 | 1.94 | 80.0 | 2.04 |
| 内蒙古 | 275.14 | 19.10 | 910.2 | 24.83 |
| 辽宁 | 33.13 | 2.30 | 124.7 | 3.43 |
| 吉林 | 18.01 | 1.25 | 49.1 | 1.24 |
| 黑龙江 | 192.66 | 13.38 | 559.9 | 14.85 |
| 上海 | 6.89 | 0.48 | 30.2 | 0.80 |
| 江苏 | 21.47 | 1.49 | 61.3 | 1.62 |
| 浙江 | 6.08 | 0.42 | 19.3 | 0.54 |
| 安徽 | 10.3 | 0.72 | 24.1 | 0.62 |
| 福建 | 5.16 | 0.36 | 15.0 | 0.42 |
| 江西 | 7.19 | 0.50 | 12.6 | 0.32 |
| 山东 | 125.7 | 8.73 | 283.9 | 7.35 |
| 河南 | 96.07 | 6.67 | 316.1 | 8.38 |
| 湖北 | 6.16 | 0.43 | 15.3 | 0.39 |
| 湖南 | 13.2 | 0.92 | 8.5 | 0.22 |
| 广东 | 5.68 | 0.39 | 13.6 | 0.39 |
| 广西 | 4.43 | 0.31 | 9.4 | 0.24 |
| 海南 | 0.9 | 0.06 | 0.19 | 0.01 |
| 重庆 | 2.93 | 0.20 | 7.7 | 0.22 |
| 四川 | 20 | 1.39 | 71.2 | 1.95 |
| 贵州 | 4.15 | 0.29 | 5.1 | 0.13 |
| 云南 | 14.83 | 1.03 | 53.7 | 1.43 |
| 西藏 | 37.13 | 2.58 | 25.6 | 0.65 |
| 陕西 | 45.2 | 3.14 | 141.8 | 3.84 |
| 甘肃 | 29.34 | 2.04 | 38.01 | 1.01 |
| 青海 | 30.32 | 2.11 | 27.6 | 0.74 |
| 宁夏 | 29.84 | 2.07 | 103.5 | 2.62 |
| 新疆 | 150.72 | 10.47 | 132.2 | 3.57 |

数据来源：根据《2012年中国畜牧业年鉴》《2013年中国统计年鉴》整理。

为深入探究各规模奶牛养殖场（户）和存栏量、产量之间关系，引入各规模奶牛养殖场（户）在各省所占比例，进而和其存栏、产量进行对比，从宏观层面描述各地区生产效率情况（表 3－2）。

**表 3－2　2012 年初各地区养殖场（户）饲养规模状况**

| 省　份 | 散户（个） | 散户份额（%） | 小规模（个） | 小规模份额（%） | 中规模（个） | 中规模份额（%） | 大规模（个） | 大规模份额（%） |
|---|---|---|---|---|---|---|---|---|
| 全　国 | 1 651 816 | 100 | 515 593 | 100 | 28 319 | 100 | 3 103 | 100 |
| 北　京 | 964 | 0.06 | 1 438 | 0.28 | 299 | 1.06 | 68 | 1.74 |
| 天　津 | 698 | 0.04 | 1 805 | 0.35 | 232 | 0.82 | 76 | 1.81 |
| 河　北 | 36 087 | 2.18 | 22 832 | 4.43 | 2 681 | 9.47 | 1 012 | 12.56 |
| 山　西 | 39 052 | 2.36 | 13 735 | 2.66 | 670 | 2.37 | 83 | 2.13 |
| 内蒙古 | 242 782 | 14.70 | 93 518 | 18.14 | 8 271 | 29.21 | 268 | 24.31 |
| 辽　宁 | 15 417 | 0.93 | 14 027 | 2.72 | 891 | 3.15 | 88 | 3.33 |
| 吉　林 | 40 991 | 2.48 | 17 331 | 3.36 | 1 081 | 3.82 | 59 | 1.31 |
| 黑龙江 | 204 214 | 12.36 | 138 470 | 26.86 | 4 124 | 14.56 | 108 | 14.96 |
| 上　海 | 0 | 0.00 | 0 | 0.00 | 74 | 0.26 | 39 | 0.81 |
| 江　苏 | 281 | 0.02 | 1 529 | 0.30 | 315 | 1.11 | 95 | 1.64 |
| 浙　江 | 1 037 | 0.06 | 1 175 | 0.23 | 209 | 0.74 | 25 | 0.51 |
| 安　徽 | 745 | 0.05 | 598 | 0.12 | 194 | 0.69 | 27 | 0.64 |
| 福　建 | 1 933 | 0.12 | 660 | 0.13 | 16 | 0.06 | 25 | 0.40 |
| 江　西 | 261 | 0.02 | 761 | 0.15 | 107 | 0.38 | 6 | 0.33 |
| 山　东 | 33 294 | 2.02 | 33 067 | 6.41 | 3 235 | 11.42 | 398 | 7.58 |
| 河　南 | 71 979 | 4.36 | 12 181 | 2.36 | 1 147 | 4.05 | 314 | 8.44 |
| 湖　北 | 1 170 | 0.07 | 214 | 0.04 | 87 | 0.31 | 41 | 0.41 |
| 湖　南 | 1 441 | 0.09 | 1 789 | 0.35 | 31 | 0.11 | 4 | 0.23 |
| 广　东 | 981 | 0.06 | 218 | 0.04 | 150 | 0.53 | 22 | 0.36 |
| 广　西 | 187 | 0.01 | 267 | 0.05 | 33 | 0.12 | 12 | 0.25 |
| 海　南 | 0 | 0.00 | 0 | 0.00 | 1 | 0.00 | 1 | 0.01 |
| 重　庆 | 939 | 0.06 | 450 | 0.09 | 39 | 0.14 | 8 | 0.21 |
| 四　川 | 20 073 | 1.22 | 6 326 | 1.23 | 275 | 0.97 | 25 | 1.92 |
| 贵　州 | 250 | 0.02 | 123 | 0.02 | 11 | 0.04 | 11 | 0.14 |
| 云　南 | 64 878 | 3.93 | 3 300 | 0.64 | 112 | 0.40 | 11 | 1.43 |
| 西　藏 | 58 640 | 3.55 | 4 872 | 0.94 | 5 | 0.02 | 0 | 0.68 |

（续）

| 省　份 | 散户（个） | 散户份额（%） | 小规模（个） | 小规模份额（%） | 中规模（个） | 中规模份额（%） | 大规模（个） | 大规模份额（%） |
|---|---|---|---|---|---|---|---|---|
| 陕　西 | 116 637 | 7.06 | 15 696 | 3.04 | 1 179 | 4.16 | 80 | 3.79 |
| 甘　肃 | 21 683 | 1.31 | 8 439 | 1.64 | 284 | 1.00 | 29 | 1.01 |
| 青　海 | 90 742 | 5.49 | 2 118 | 0.41 | 49 | 0.17 | 4 | 0.74 |
| 宁　夏 | 4 309 | 0.26 | 15 592 | 3.02 | 546 | 1.93 | 67 | 2.76 |
| 新　疆 | 580 161 | 35.12 | 103 062 | 19.99 | 1 971 | 6.96 | 97 | 3.53 |

数据来源：根据《2012 年中国畜牧业年鉴》《2013 年中国统计年鉴》整理。

从散户来看，我国各省散户中新疆散户占到全国 35.12%。由此可知，新疆占我国 10.47%存栏量却仅生产 3.57%牛奶。其次是内蒙古散户占到全国散户的 14.70%，黑龙江散户情况和其相似，占到 12.36%。青海存栏在全国仅占 2.11%，而总产量更是仅有 0.74%。再观其散户规模占比，占到全国 5.49%，但其小规模及以上份额却微乎其微。由于内蒙古和黑龙江奶牛养殖户数量庞大，其散户比例和其在全国奶牛养殖位置相适应。而新疆、青海同样为奶牛养殖大省，但散户却远高于其 10.47%、2.11%存栏比例，充分说明新疆散户养殖已严重制约奶牛养殖生产效率。

从小规模养殖户数来看，黑龙江以 26.86%占优，而后是新疆（19.99%）、内蒙古（18.14%）。黑龙江和新疆相比，黑龙江小规模养殖在全国范围内占优，而新疆为散户养殖在全国范围内占比较大。从生产效率角度来看，新疆 10.47%存栏仅产出 3.57%牛奶量，黑龙江 13.38%存栏产出 14.85%牛奶量，说明小规模养殖优势远大于散户规模。山西各规模养殖分布都较为均匀，从生产效率角度，在全国它没有明显效率优势，效率维持在全国平均水平以下。

从中规模养殖户数来看，内蒙古（29.21%）、黑龙江（14.86%）两省占全国中规模养殖总量将近一半，这是其生产效率高于全国水平重要原因之一。山东、河南等地同样也属于小规模占比少，中规模以上占比大，牛奶产量效率高于全国平均水平。

从大规模养殖户数来看，内蒙古（24.31%）、黑龙江（14.96%）占大规模总量 40%以上，这和其基数大分不开，同样也决定其效率优势较其他地区明显。而山东、河南由于基数较小，但相对而言，其中大规模养殖户数量在本省内同样占优，这也是其生产效率不逊于内蒙古和黑龙江这样生产大省的原因。

### 3.1.2　各产区饲养规模和产量份额

通过分析各省奶牛饲养规模和产量状况获得各省主要生产情况，本节将不再局限在各省份之间，而根据四大优势产区划分，分区讨论奶牛养殖户饲养状况。本书根据《2008—2015年全国奶牛优势区域布局规划》，将我国奶牛优势产区划分为京津沪奶牛优势区：北京、天津、上海三市；东北内蒙古奶牛优势区：黑龙江、辽宁、内蒙古三省；华北奶牛优势区：河北、山西、河南、山东；西北奶牛优势区：新疆、陕西、宁夏三省。

如表3-3所示，东北内蒙古奶牛优势区和华北奶牛优势区占据全国奶牛总存栏65.22%，其总产量占到全国73.33%。由此宏观数据可知，其生产效率较其他地区（或者说是西北优势区和非主产区）高出很多。值得一提的是，京津沪奶牛优势区有2.62%存栏量生产出4.36%牛奶量，这和京津沪奶牛优势区发展目标和定位是分不开的。该优势区注重提高单产水平，且在现有基础上巩固和发展规模化，意在提高资源利用率，并加快养殖现代化实现首都经济圈牛奶自给。东北内蒙古优势区主要致力于改变黑龙江和内蒙古等省小规模养殖户，引导其走家庭牧场、规范化和适度规模，改变分散和粗放居民。华北优势区大都靠近东部沿海，资源丰富、工业基础雄厚，但无统一认可优良品种在养殖户间推广，优良品种推广速度较差，未来将着重优良奶牛替换。西北优势区存栏占比不低，但其产量却远低于全国平均水平，这是由于我国西部技术推广速度慢，导致当地奶业标准化水平低，商品化程度低，规模化范围低等，奶牛单产低等问题。我国非产区情况和西北优势区情况类似，奶牛养殖大多是分散个体，具有规模小、单产低、质量差等特点。

**表3-3　2012年初各地区奶牛饲养分布**

| 主产区 | 年初存栏（万头） | 份额（%） | 总产量 | 份额（%） |
|---|---|---|---|---|
| 京津沪奶牛优势区 | 37.75 | 2.62 | 163.10 | 4.36 |
| 东北内蒙古奶牛优势区 | 500.93 | 34.78 | 1 594.90 | 42.60 |
| 华北奶牛优势区 | 438.43 | 30.44 | 1 150.40 | 30.73 |
| 西北优势区 | 225.76 | 15.68 | 377.50 | 10.08 |
| 非主产区 | 237.28 | 16.48 | 457.8 | 12.2 |
| 全国 | 1 440.16 | 100 | 3 743.6 | 100 |

数据来源：根据《2012年中国畜牧业年鉴》《2013年中国统计年鉴》整理。

从各规模养殖户分布情况来看，西北优势区散户数量占到全国散户的42.44%。其次为东北内蒙古奶牛优势区（27.99%）、非主产区（18.54%），东北内蒙古奶牛优势区是由于其基数大，中规模及以下占比分布相似，处于规模化程度上升阶段。而非主产区是由于各省分散养殖大多在本地自产自销小农经济，或者是大规模养殖来满足本省需求，所以非主产省出现在两个极端。东北内蒙古优势区小规模、中规模养殖户份额占到47.71%和46.92%，几乎占到了全国小规模养殖户的一半，说明东北内蒙古优势区有极大进步空间，较西北优势区有先天聚集优势。最具资源优势和集聚效应的当属华北奶牛优势区，其大规模养殖场占到全国总大规模养殖场总数的58.23%（表3-4）。

**表3-4　2012年初各主产区养殖场（户）饲养规模情况**

| 主产区 | 散户（个） | 散户份额（%） | 小规模（个） | 小规模份额（%） | 中规模（个） | 中规模份额（%） | 大规模（个） | 大规模份额（%） |
|---|---|---|---|---|---|---|---|---|
| 京津沪奶牛优势区 | 1 662 | 0.10 | 3 243 | 0.63 | 605 | 2.14 | 183 | 5.90 |
| 东北内蒙古奶牛优势区 | 462 413 | 27.99 | 246 015 | 47.71 | 13 286 | 46.92 | 464 | 14.95 |
| 华北奶牛优势区 | 180 412 | 10.92 | 81 815 | 15.87 | 7 733 | 27.31 | 1 807 | 58.23 |
| 西北优势区 | 701 107 | 42.44 | 134 350 | 26.06 | 3 696 | 13.05 | 244 | 7.86 |
| 非主产区 | 306 222 | 18.54 | 50 170 | 9.73 | 2 999 | 10.59 | 405 | 13.05 |
| 全国 | 1 651 816 | 100 | 515 593 | 100 | 28 319 | 100 | 3 103 | 100 |

数据来源：根据《2012年中国畜牧业年鉴》《2013年中国统计年鉴》整理。

# 3.2　奶牛饲养成本与收益

## 3.2.1　奶牛饲养总成本与总收入

如图3-1所示，奶牛养殖总成本从2006年到2012年一直处于上升状态，其中在2007年和2008年，出现了此起彼伏的局面，这是因为中国奶业受到进口乳品冲击和“三聚氰胺”事件影响，养殖场面临大洗牌局面。在2008年小

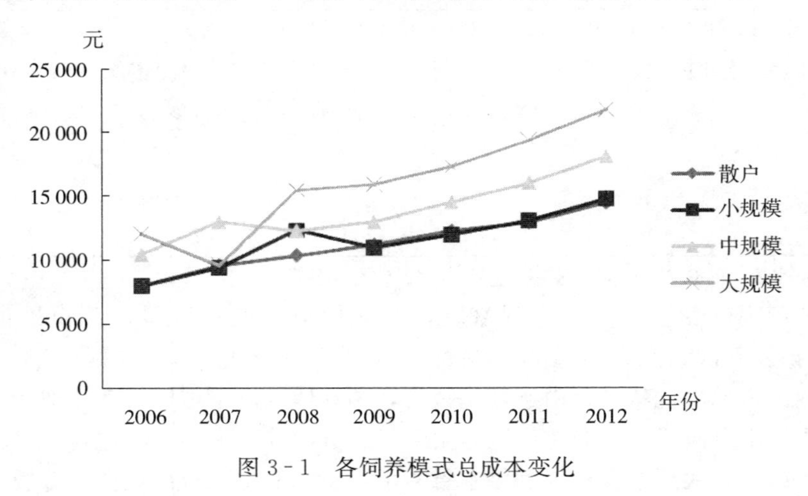


图3-1　各饲养模式总成本变化

规模养殖场由于受到政府监管和对质量要求提升等方面压力，总成本较 2007 年上升约 300 元/头。而大规模养殖场显然受到影响和反弹更为强烈，每头牛成本猛增了 600 元/头。从历年各规模养殖户成本趋势可知，奶农养殖一直受到很强的成本上涨压力。按各规模分类，总成本大小依次为：大规模、中规模、小规模、散户。各规模养殖户总成本增加速率上都大约遵循年增长率 10%左右。

如图 3－2 所示，奶牛养殖总收入曲线和总成本曲线相似，但是小规模养殖户收入略小于散户养殖收入。各规模总收入从大到小依次是：大规模、中规模、散规模、小规模。在 2008 年乳业大地震时，受到影响最大的当属大规模养殖户和散户。这是由于大规模养殖户大多标准化生产，有自身固定客户群和销售渠道，质量相对于小规模和散户安全性较高。而小规模养殖户由于自身实力弱，质量难以保证，往往导致客户流失现象严重，所以在 2008 年其收入有下跌趋势。但是散户往往奶牛存栏数不多，产量少，多直接供给当地居民，不存在冗繁中间环节，所以客户人群基本稳定或略有增加。

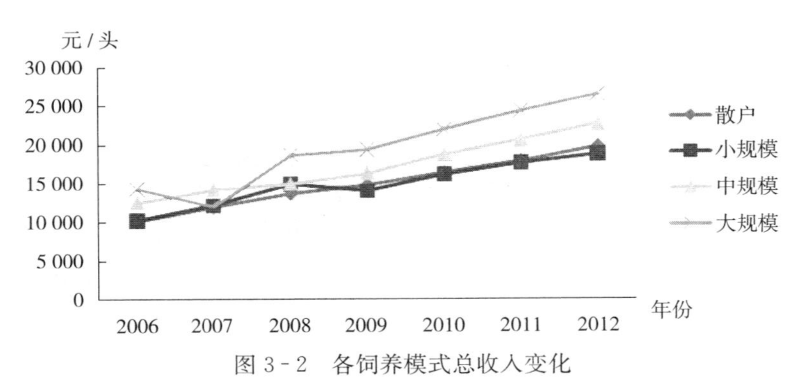


图 3－2　各饲养模式总收入变化

根据以上描述，可以得出大规模养殖总成本最大，总收入也最多；而散户和小规模养殖户总成本小，总收入也最少。造成这种现象的主要原因是：①饲料成本，小规模养殖户和散户更加倾向于自产饲料或者说是自产秸秆、粮食等。所以小规模和散户在主要成本方面要远小于大规模养殖户。②品种差异，大规模养殖场倾向于选择高产奶牛如荷斯坦奶牛，而小规模及散户却只倾向于用低产或淘汰奶牛来减少投资成本。③前期投资，大规模养殖场倾向于减少标准化圈舍和挤奶机等配套仪器，所以前期投资成本较大，折旧较高，而小规模养殖场则就地取材，或选择低廉仪器，所以成本小。以上三点原因造成大规模养殖户成本远高于小规模养殖户，但却也造成其总收入远高于小规模养殖户。

### 3.2.2 奶牛饲养成本构成

奶牛饲养成本主要是由精饲料、粗饲料、雇工成本、家庭人工成本、管理成本等组成。本节根据《全国农产品成本收益汇编》统计结果，选出无遗漏数据指标如下：物质与服务费用、雇工天数、家庭用工天数三个指标。如图3-3所示，物质与服务费用在各规模间从多到少排序为：大规模、中规模、小规模、散户。这一指标排序方式基本吻合总成本排序，一方面，这是由于物质与服务费用是构成总成本主要因素，所以其基本和总成本趋势线相吻合。另一方面，在2008年时物质与服务费用同样受到经济危机影响，出现飙升现象，使得经营处在艰难维持阶段。

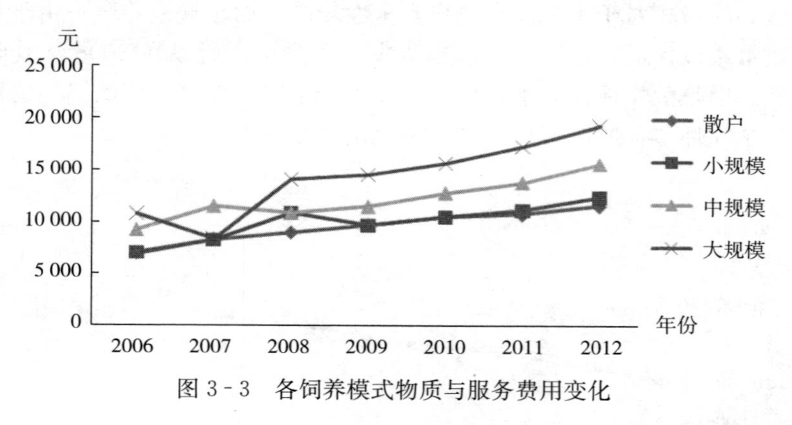


图3-3 各饲养模式物质与服务费用变化

如图3-4所示，雇工天数是从侧面反映劳动成本、规模大小利弊主要指标。各规模雇佣天数多少从多到少分别为：中规模、大规模、小规模、散户。雇佣天数趋势图和总成本曲线差别很大，这是由于奶牛养殖属于劳动密集型产业所致。散户由于养殖奶牛数少，家庭成员完全可以自给自足，完全没有必要雇佣工人。中规模和大规模相比却雇佣人数略有增加，这是由于大规模养殖场往往倾向于标准化和机械自动化生产，用机械节省大量劳动力，但其规模及劳动密集型产业特性要求其又必须依靠雇佣工人，所以大规模养殖户雇佣工人远高于小规模养殖户和散户。中规模养殖户由于标准化及机械化水平低，技术工种往往不娴熟，所以造成雇佣工人数略高于大规模养殖。这一现象印证了经济学中规模化过程中机械替代人工现象。从各规模自身曲线趋势来看，雇工天数在近八年持续降低，这是我国经济发展和技术进步发展结果。但是2008年有异常变动，散户、大规模养殖场雇工人数略有增加，而其他两种规模略有降低。这是由于经济危机大量工人失业，回乡潮及廉价劳动成本略减，导致散户和大规模养殖场更多吸纳更多人工。而2008年经济危机是经济转型艰难时期，注定劳动密集型企业受到冲击，小、中规模养殖户由于经济效益受危机影响最为严重，所以大规模裁员，并导致佣工减少。

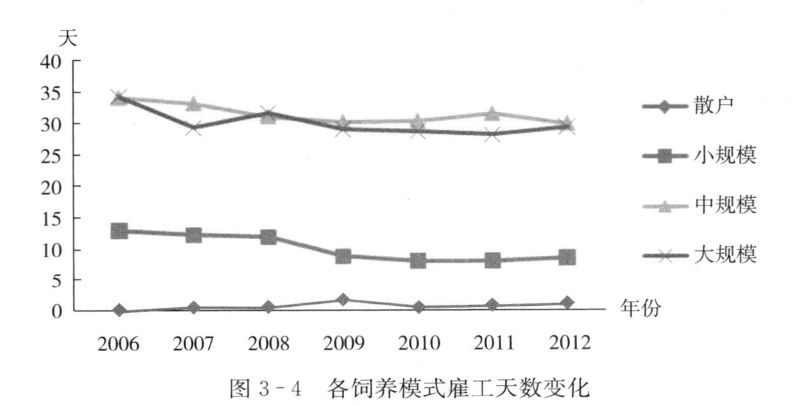


图3-4　各饲养模式雇工天数变化

如图3-5所示，家庭用工天数明显成减少，这是由科技进步所致。家庭用工天数多少依次为：散户、小规模、中规模、大规模养殖。而大规模养殖基本无家庭用工，而散户家庭用工天数是小规模用工天数一倍左右。中规模家庭用工仅为小规模家庭用工的1/3，即仅为两三天左右基本可以忽略。

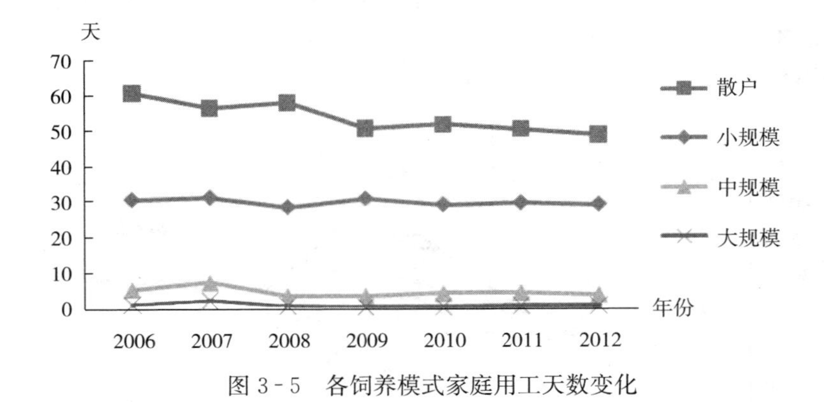


图3-5　各饲养模式家庭用工天数变化

## 3.2.3　奶牛饲养收入构成

如图3-6所示，奶牛养殖各规模净利润在总体来看，曲线呈上升趋势。但在2012年，整体趋势趋向于平稳，小规模、大规模养殖户利润率略有下降。中规模利润率基本与去年持平，散户收益持续增加。这是由于2012年，奶业面临奶荒情况，大量养殖户屠杀奶牛变卖成肉牛，并退出奶牛养殖业。利润下降很大程度来源于饲料成本大幅上涨，但同期乳品企业强地位并没及时改变，企业大幅压低收购奶价，使得奶农入不敷出，迫使小规模养殖户退出。大规模养殖户也由于受到市场环境影响未能幸免。而散户多供应当地周围市民，奶价水涨船高，不受乳品企业影响，并使收益短期内增加。

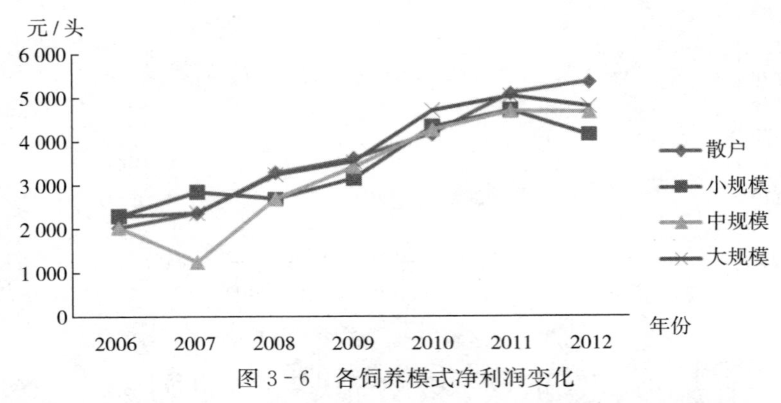


图 3-6　各饲养模式净利润变化

由图 3-7 可知，成本利润率是观察养殖户后期竞争能力重要指标，散户由于成本都被家庭消化，如饲料使用自产粮食，奶牛使用淘汰奶牛等。成本利润率根据养殖户规模排序为：散户、小规模、中规模、大规模。而近三年，成本利润率一直下降，这是导致 2012 年集中爆发杀奶牛变卖牛肉现象的重要原因。而成本居高不下很大原因是由于人工成本上涨、饲料价格居高不下，奶价收购价不合理等。

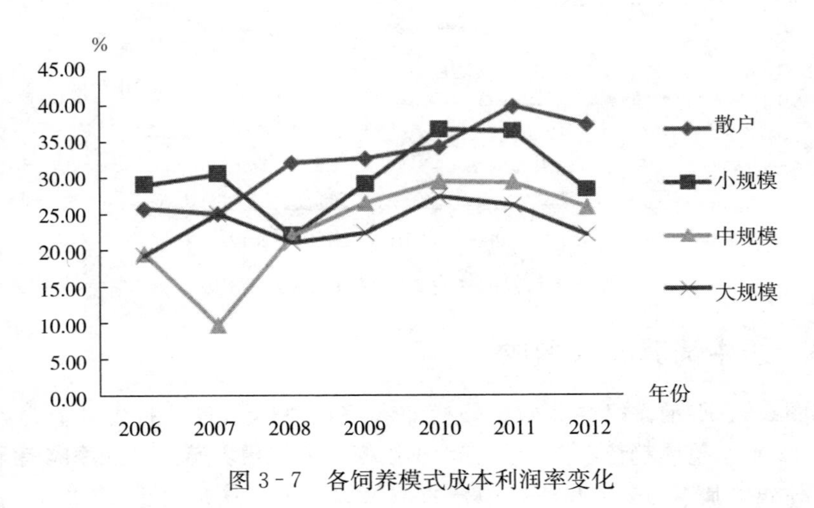


图 3-7　各饲养模式成本利润率变化

## 3.3 奶牛养殖户养殖意向

中国奶牛养殖属于节省资源利用型产业。奶牛养殖的资源节省潜力随着单产水平的提高而提高，单产4吨奶牛的资源节省潜力已经相当于现代家禽业的水平，而现代奶牛的单产很容易超过7吨，因而在资源利用节省潜力方面，奶牛业具有其他养殖业不可比拟的优势。同样是技术密集型产业，养好奶牛需要有能力解决好多方面的技术问题，从建设之初的场址选择、布局规划、牛场建设，到投产后的饲料生产加工、繁殖、育种、挤奶、各阶段牛群饲养管理、疾病防治、粪污处理，以及通过有效的管理确保各项技术要求落实到位均需要以奶牛场为主组织实施，其中的技术管理难度和要求均高于其他畜禽养殖，是技术密集的养殖业。其产业关联度高，奶牛养殖与上游种植业和下游乳品加工业关联的紧密程度要高于其他养殖业。高水平的奶牛养殖需要种植业提供优质的粗饲料，而有效控制粗饲料质量需要奶牛养殖与作物种植之间形成紧密的联合协作关系，奶牛排出的粪尿也只有在两者形成紧密协作的条件下才能很好地循环利用。在与加工业的关联上，生乳产出后必须尽快进入加工环节，这与肉、蛋产品明显不同，奶牛养殖与乳品加工业之间也因此需要形成利益共享、风险共担的紧密连接。奶牛养殖与同类的家禽养殖比较，虽然其资源利用节省的潜力更大，但受大型家畜繁殖率低的限制，其扩张速度远逊于家禽养殖。奶牛养殖一旦滑坡，恢复的速度比较慢，这就要求要为奶牛养殖业构筑一个稳定发展的良好环境。

### 3.3.1 多元 logistic 模型设定

为了更有效获取微观养殖户对养殖意向情况，对我国内蒙古地区和青海地区养殖场（户）做研究，并有选择地对一些农村地区散户、小规模、中规模、大规模养殖场（户）进行分层次研究。并运用 logistic 实证模型对养殖意向影响因子进行预测和排除。由于养殖户养殖意向调研数据属于离散型数据，即让受访者回答其养殖规模预期较少还是增加。并通过二元 logistic 模型做最大似然估计（ML），得到各影响变量与养殖意向之间关系。具体模型原理在第二章已详细论述，本节不再赘述。根据实证数据情况及养殖场特性，选取如下变量：

**1. 养殖户（户主）禀赋情况**

性别（X1），将男女分别取值1、0。由于内蒙古地区男女差别较大，“领头羊”性别往往制约其思想前瞻性，所以将性别变量引入。性别变量默认假设为：男倾向于增加规模，女倾向于减少规模。

教育年限（X2），本部分研究将教育年限设为连续性变量，意在了解教育年限对其养殖倾向性影响。教育年限默认假设为：年限越长越倾向于扩增奶牛养殖规模。

年龄（X3），年龄大小往往决定户主激进程度。往往年轻人偏向于冒进，而年龄大者偏向于守成。这里年龄假设为：年龄大者偏向于较少规模、年轻人偏向于增大养殖规模。

2. 养殖场自身状况

养殖规模（X4），将养殖规模从散户、小规模、中规模、大规模赋值为 1、2、3、4，认为养殖户规模越大对其养殖意向倾向于保守策略，换句话说是规模越大，越倾向于减少规模。养殖规模假设为：养殖规模大，扩张倾向越小。

奶牛养殖场卫生等级（X5），将卫生等级根据 1、2、3、4 四档依次打分，卫生等级越高其管理水平越强，奶牛养殖场越规范，其扩大规模意向就越明显。

3. 外部环境

政府支持度（X6），政府为农户提供补贴、宣传等各种形式鼓励程度对养殖户扩大养殖意向存在正相关。

### 3.3.2 实证结果分析

运用 Eviews7.0 软件对 983 份样本进行二元 logistic 分析，将六个变量引入模型得出最终统计结果（表 3-5）。

**表 3-5 奶牛养殖户养殖意向回归分析**

| 自变量 | 回归系数 | Prob. |
| --- | --- | --- |
| C：常数项 | −3.214 3 | 0.000 73 |
| X1：性别 | 1.776 3 | 0.053 26 |
| X2：教育年限 | 0.405 2 | 0.108 42 |
| X3：年龄 | −0.054 | 0.000 04 |
| X4：养殖规模 | 0.487 7 | 0.785 48 |
| X5：卫生等级 | 0.632 0 | 0.048 90 |
| X6：政府支持度 | 1.097 6 | 0.030 98 |
| LR statistic | 129.034 2 | |
| McFadden $R^2$ | 0.521 8 | |

模型回归结果最大似然估计为 129.034 2，以及拟合优度为 52.18%，说明模型效果较好。性别变量系数为 1.776 3，说明男性扩张概率要大于女性，而且呈正相关说明男性更倾向于扩大规模。教育年限在 15%显著水平以下，系数为 0.405 2，说明教育年限越长，其扩张意愿越明显。年龄根据统计结果显示，年龄越大扩张意愿越弱，且在 5%显著水平以下，结果显著。养殖规模大小对于养殖意向统计结果不显著，说明其对意向影响可以忽略。卫生等级则表现出养殖意向扩张意向，由统计表明，卫生等级能促进养殖户养殖意向。当养殖场处于脏乱卫生条件下，养殖户更加倾向于退出养殖业。政府支持在养殖意愿影响因素里同样扮演着不可忽视的作用，其统计结果非常显著，表明政府支持对于养殖意向具有正向影响。

## 3.4 奶业贸易研究

随着国际乳品市场进一步开放，全球乳制品贸易规模不断扩大，全球乳制品贸易额由 2000 年 244.21 亿美元增加到 2013 年 452.37 亿美元，增幅达 85.24%。近十多年来，中国乳制品贸易总额也由 2000 年 2.65 亿美元增长到 2013 年 72.26 亿美元，翻了约五番。其中中国乳制品出口额由 2000 年 0.50 亿美元增长到 2013 年 0.76 亿美元；而进口总额由 2.15 亿美元增加到 71.50 亿美元（图 3-8）。自 1996 年以来，中国乳制品贸易逆差持续扩大。并以 2008 年为分水岭，1996—2008 年中国乳制品贸易逆差增加额仅为 5.39 亿美元，而 2008—2013 年，增加额高达 65.34 亿美元，中国乳制品贸易逆差形势严峻。中国国内乳制品进口需求持续增加，奶粉等中国主要进口乳制品不断挤占国内市场份额，其中高端婴幼儿奶粉国外品牌份额占到中国市场

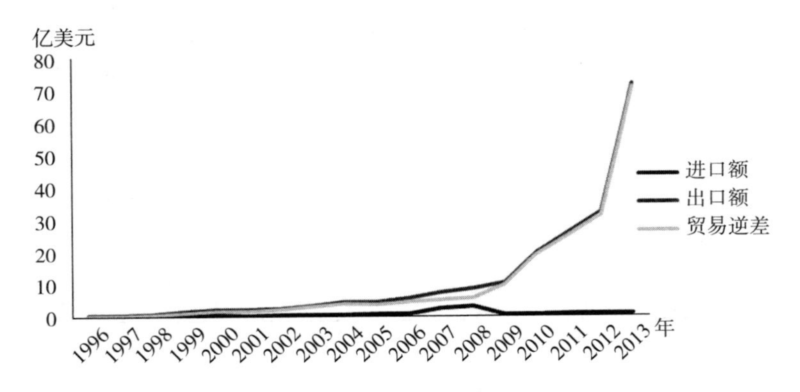


图 3-8 中国乳制品贸易额变化图

85%以上①。中国乳制品贸易逆差严重冲击了中国奶业发展，缩小和扭转乳制品进出口差距成为中国奶业发展的重要任务。

### 3.4.1 模型构建

CMS模型由 Tyszynski（1951）首次运用于国际贸易，而后多名学者如 Leamer 和 Stern（1970）、Jepma（1986）等对 CMS 模型多次完善，最终形成现有两层次分解的 CMS 模型，在国际贸易研究上得到广泛推广。CMS 模型适用前提是：该国国际市场贸易份额保持不变。根据这一假设，CMS 模型将该国商品为保持份额不变的出口额（进口额）与实际出口额（进口额）的差额分解为进口需求增长因素（出口供给增长因素）、结构因素和竞争力三大因素。

CMS 模型可以分析进出口增长的主要来源，其第一层次分解基本公式如下：

$$\Delta Q=\sum_i\sum_j S_{ij}^0\Delta Q_{ij}+\sum_i\sum_j Q_{ij}^0\Delta S_{ij}+\sum_i\sum_j\Delta S_{ij}\Delta Q_{ij} \quad ①$$

（结构效应）　（竞争力效应）（竞争力与结构交叉效应）

第二层分解基本公式如下：

$$\sum_i\sum_j S_{ij}^0\Delta Q_{ij}=S^0\Delta Q+[\sum_i S_i^0\Delta Q_i-S^0\Delta Q]+[\sum_i\sum_j S_{ij}^0\Delta Q_{ij}-\sum_i S_i^0\Delta Q_i] \quad ②$$

（结构效应）（增长效应）（产品结构效应）（市场结构效应）

$$\sum_i\sum_j Q_{ij}^0\Delta S_{ij}=\Delta SQ^0+[\sum_i\Delta S_iQ_i^0-\Delta SQ^0]+[\sum_i\sum_j\Delta S_{ij}Q_{ij}^0-\sum_i\Delta S_iQ_i^0] \quad ③$$

（竞争力效应）（综合竞争力）（产品竞争力）（市场竞争力）

①、②、③式中，$S$ 表示该国国际市场份额；$S_i$ 表示该国产品 $i$ 在国际市场 $i$ 产品进口（出口）份额；$S_{ij}$ 表示该国产品 $i$ 在目标市场 $j$ 全部进口（出口）中的份额；$Q$ 表示国际市场进口（出口）额；$Q_i$ 表示国际市场对产品 $i$ 的进口（出口）额；$Q_j$ 表示市场 $j$ 进口（出口）总额；$Q_{ij}$ 表示市场 $j$ 对产品 $i$ 的进口（出口）额；$\Delta$ 表示两年间变化量；“0”表示起始年份；“$i$”、“$j$”分别表示进口（出口）产品类别和国家。

**表 3-6　CMS 模型分解效应含义**

| 因　素 | 含　义 |
| --- | --- |
| 结构效应 | 由于目标市场乳制品进出口总额和进出口结构发生改变而导致中国出口（进口）额发生的变化 |

① 张亚伟，等．奶粉进口激增对我国奶业发展的影响因素分析［J］．中国畜牧业杂志，2014（2）：36-39.

（续）

| 因　素 | 含　义 |
| --- | --- |
| 竞争力效应 | 由于中国奶业竞争力改变而导致中国乳制品出口（进口）额变化，其表示中国竞争力能否保持其国际市场出口（进口）份额 |
| 交叉效应 | 由于中国乳制品竞争力与目标市场进口（出口）额及目标市场进口（出口）结构变化的交互作用而导致中国乳制品出口（进口）额的变化 |
| 增长效应 | 由于国际乳制品需求（供给）总量变动而导致中国出口（进口）的变化，其表示国际市场乳制品需求（供给）因素 |
| 产品结构效应 | 由于出口（进口）乳制品结构变化而导致出口（进口）额变化，其表示中国出口（进口）在需求（供给）增长较快的乳制品的集中度 |
| 综合竞争力 | 在中国乳制品出口（进口）结构不变情况下，由于整体奶业竞争力变化而导致中国乳制品出口（进口）变化 |
| 产品竞争力 | 由于目标市场某类乳制品份额发生变动而导致中国乳制品竞争力变化 |

### 3.4.2 数据说明及来源

本节数据均来源于1996—2013年联合国粮农组织统计数据库（FAO）和联合国贸易数据库（UNCOMTRADE）。由于缺少2013年中国各类乳制品进出口贸易额，所以CMS模型分析时只取到2012年数据。对于乳制品分类标准，本节采用HS分类来界定乳制品范围。按照HS96分类法，乳制品主要包含以下六大类商品：HS0401（未浓缩乳及奶油）、HS0402（固状乳及奶油）、HS0403（酸乳）、HS0404（乳清及改性乳清）、HS0405（黄油）、HS0406（乳酪）①。中国乳制品出口市场主要是香港（55.37%）、缅甸（18.22%）、尼日利亚（6.55%）等非乳制品生产国家和地区。由于缅甸、尼日利亚等国数据不全且占比较少，在选取出口目标市场变量时只对香港作分析。中国乳制品主要进口来源国是新西兰（62.88%）、美国（9.70%）、法国（6.32%）、德国（4.45%）、澳大利亚（4.43%）、荷兰（2.34%）②。以上国家数据可得且份额较高，可以作为进口目标市场变量研究。另外，根据1996—2012年中国乳制品贸易逆差额变动趋势，将其分为两个阶段：2004—2008年表示中国乳制品出口（进口）额缓慢增长阶段；2009—2012年表示中国乳制品出口恢复性增长阶段，中国乳制品进口迸发阶段。

① 国内通行乳制品分类标准将其划分为液态奶和干乳制品：液态奶是指HS96分类中HS0401、HS0403；干乳制品是指HS96分类中HS0402、HS0404、HS0405、HS0406。

② 出口份额：根据2012年UNCOMTRADE数据整理计算的。

### 3.4.3 模型计算结果与分析

1. 出口增长效应

**(1) 需求因素** 增长效应主要反映目标市场需求总量变化而引起出口国出口额增加，由表3-7可知，香港乳制品需求增加是导致中国乳制品出口额增长的主要原因。在第一阶段，增长效应贡献率高达591.91%，是中国乳制品出口增长主要发动机。第二阶段，增长效应贡献率虽然仍为正影响，但却降为72.58%。原因是中国出口香港品种单一，以鲜奶和奶粉为主，2008年“三聚氰胺”事件后，鲜奶和奶粉首当其冲，消费者对中国食品安全现状担忧，造成中国出口香港乳制品增幅降低。

**(2) 结构因素** 结构因素包括产品结构效应和交叉效应两方面。产品结构效应逆向拉动中国乳制品出口增长，但是其贡献率从第一阶段的－162.26%上升到第二阶段的－44.40%，说明中国乳制品出口结构有了很大调整，那些需求增长较快产品的出口增长快。交叉效应在第一阶段使得中国乳制品增长额减少548.87万美元。而在第二阶段，交叉效应对增长额起到拉动作用，贡献率高达14.51%。说明在中国奶业竞争力、出口结构和规模交互影响下，中国奶业正在逐渐适应国际市场，优化其出口结构，向着好的方向发展。

**(3) 竞争力因素** 竞争力效应主要包括综合竞争力和产品竞争力两方面，中国奶业综合竞争力一直逆向拉动中国乳制品出口增长，而产品竞争力正向拉动中国出口。第一阶段，中国奶业综合竞争力对其出口增长贡献率高达－281.99%，第二阶段其贡献率上升到－7.46%。说明中国奶业整体竞争力非常弱，但是其逐步向好。中国乳制品产品竞争力虽然相对较高，但是其较第一阶段，贡献率下降50%。

**表3-7 2004—2012年CMS模型测算中国乳制品出口增长结果**

单位：万美元

| 增长因素分析 | 香港 | | | |
|---|---|---|---|---|
| | 2004—2008年 | | 2009—2012年 | |
| | 绝对额 | 百分比 | 绝对额 | 百分比 |
| 实际出口增长 | 444.17 | 100.00% | 2 472.14 | 100.00% |
| 第一层次分解 | | | | |
| 结构效应 | 1 908.39 | 429.65% | 1 794.17 | 72.58% |
| 竞争力效应 | －915.35 | －206.08% | 319.30 | 12.92% |
| 竞争与结构交叉效应 | －548.87 | －123.57% | 358.67 | 14.51% |

（续）

| 增长因素分析 | 香港 | | | |
|---|---|---|---|---|
| | 2004—2008年 | | 2009—2012年 | |
| | 绝对额 | 百分比 | 绝对额 | 百分比 |
| 第二层次分解 | | | | |
| 增长效应 | 2 629.10 | 591.91% | 2 891.72 | 116.97% |
| 产品结构效应 | −720.70 | −162.26% | −1 097.55 | −44.40% |
| 综合竞争力 | −1 252.53 | −281.99% | −184.52 | −7.46% |
| 产品竞争力 | 337.18 | 75.91% | 503.83 | 20.38% |
| 交叉效应 | −548.87 | −123.57% | 358.67 | 14.51% |

### 2. 进口增长效应

**（1）供给因素** 中国乳制品进口市场增长效应反映世界乳制品供给变化对中国进口贸易额拉动变化（表3-8），世界供给增长额正向拉动中国进口贸易市场。第一阶段中，增长效应绝对额为3.50亿美元，贡献率高达85.28%，第二阶段增长效应绝对额为7.04亿美元，贡献率降低到35.77%。虽然增长效应贡献率降低，但是世界总供给增长对中国进口额增长有促进作用。从世界各国出口增长效应来看，中国进口需求增长是新加坡、美国等国出口增长的重要因素。中国生鲜乳生产成本逐步上涨并高于主要进口国家是进口激增的根本原因。如新西兰作为中国最大乳制品进口国，其出口额占中国乳制品总进口额的60.13%，其第一阶段增长效应绝对额为2.29亿美元，贡献率高达163.32%，而第二阶段绝对额为5.13亿美元，贡献率降低至35.24%（表3-9）。这一趋势表明新西兰奶业出口结构不断优化，正不断从数量占优到结构最优。因此，在国际乳制品市场供给贡献率下降过程中，中国如何刺激自身供给增产，抵抗国外市场冲击是提高自身竞争力的重要课题。

**（2）结构因素** 结构因素包含产品结构因素和交叉效应两个方面。中国乳制品进口市场产品结构效应及交叉效应都正向拉动进口增长，且它们贡献率分别从第一阶段的2.93%和3.21%到第二阶段的5.41%和26.80%。两种同步增加，意味着中国乳制品进口将慢慢集中在出口增长较快的品种和国家上来，并且中国主要进口来源国的乳制品出口结构和份额及自身竞争力交互作用对中国乳制品进口也有一定积极作用。虽然中国乳制品进口来源国交叉效应都促进其对中国出口增长，但是其产品结构效应表现却各有不同。如荷兰其产品结构效应正向拉动向中国出口乳制品贡献率高达27.59%，而美国产品结构效应却逆向拉动向中国出口，其贡献率高达−14.43%。这是由于2008年中新签订自贸协定以后，新西兰对中国干乳制品出口大幅增长，美国作为中国第二大乳制品供应国，其地位受到严重冲击。同时，2008 年中国奶业危机，奶粉进口价格飞涨，新西兰成为最大受益国。

**(3) 竞争力因素** 竞争力因素主要包括综合竞争力效应和产品竞争力效应。中国主要乳制品主要来源国由于其奶业产业竞争力增加，导致其出口中国市场出口额大幅增加，由于其综合竞争力增加而导致出口中国乳制品增加的贡献率为 37.87%，而第一阶段仅为 13.40%。值得指出的是，世界主要乳制品出口国综合竞争力贡献率都呈上升趋势。这是由于 2009 年欧盟宣布对乳制品出口补贴，同年美国也提出乳制品出口补贴计划；澳大利亚、新西兰等国也推出相应政策，由于发达国家的高额出口补贴使得其出口竞争力增加。而反观中国农业，自加入 WTO 后农产品市场面向世界开放。截至 2009 年中国乳制品进口税率仅为 10%左右，较 2002 年乳制品平均关税总体下降了 67%。从 FAO 统计数据来看，中国奶粉进口价格远低于中国出口价格，全年平均价格差高达 4 255 元/吨。中国和新西兰等出口大国相比还有很大差距。虽然国际市场奶业竞争力增加对中国乳制品进口环境提供了温床，但对国内奶业带来了巨大冲击。对于产品竞争力效应，对国外进口中国乳制品市场颇为不利，却给中国奶业发展带来契机。中国乳制品中主要进口奶粉和液态奶，而这两个品种是中国政府竭力想要遏制进口的主要品种。但是由于国内产能不足、奶源紧张等因素，将使进口继续保持增长状态。

**表 3-8 2004—2012 年 CMS 模型测算中国乳制品进口增长结果**

单位：万美元

| 增长因素分析 | 2004—2008 年 | | 2009—2012 年 | |
|---|---|---|---|---|
| | 绝对额 | 百分比 | 绝对额 | 百分比 |
| 实际进口增长 | 41 093.65 | 100.00% | 196 911.7 | 100.00% |
| 第一层次分解 | | | | |
| 结构效应 | 36 249.63 | 88.21% | 81 080.83 | 41.18% |
| 竞争力效应 | 3 525.47 | 8.58% | 63 056.23 | 32.02% |
| 竞争与结构交叉效应 | 1 318.54 | 3.21% | 52 774.68 | 26.80% |
| 第二层次分解 | | | | |
| 增长效应 | 35 045.60 | 85.28% | 70 435.84 | 35.77% |
| 产品结构效应 | 1 204.03 | 2.93% | 10 644.99 | 5.41% |
| 综合竞争力 | 5 505.98 | 13.40% | 74 577.89 | 37.87% |
| 产品竞争力 | −1 980.51 | −4.82% | −11 521.7 | −5.85% |
| 交叉效应 | 1 318.54 | 3.21% | 52 774.68 | 26.80% |

注：统计结果根据 UNCOMTRADE 数据库数据计算获得。

**表 3-9　2004—2012 年 CMS 模型测算中国乳制品进口增长结果**

单位：万美元

| 增长因素分析 | 法国 | | 德国 | | 荷兰 | |
|---|---|---|---|---|---|---|
| | 第一阶段 | 第二阶段 | 第一阶段 | 第二阶段 | 第一阶段 | 第二阶段 |
| 实际出口增长 | 5 513.32 | 8 972.67 | 1 034.00 | 11 174.17 | 1 266.12 | 5 149.73 |
| 第一层次分解 | | | | | | |
| 结构效应 | 2 296.42 | 4 346.50 | 279.21 | 1 475.94 | 1 432.60 | 2 901.62 |
| 竞争力效应 | 1 978.09 | 3 253.67 | 371.63 | 7 593.93 | −187.70 | 1 055.90 |
| 竞争与结构交叉效应 | 1 238.81 | 1 372.50 | 383.17 | 2 104.30 | 21.22 | 1 192.20 |
| 第二层次分解 | | | | | | |
| 增长效应 | 1 774.43 | 1 354.76 | 319.95 | 776.54 | 1 057.32 | 1 480.81 |
| 产品结构效应 | 521.99 | 2 991.75 | −40.75 | 699.40 | 375.27 | 1 420.81 |
| 综合竞争力 | 2 447.22 | 6 339.92 | 452.99 | 8 225.32 | 140.22 | 2 679.41 |
| 产品竞争力 | −469.13 | −3 086.25 | −81.37 | −631.39 | −327.92 | −1 623.51 |
| 交叉效应 | 1 238.81 | 1 372.50 | 383.17 | 2 104.30 | 21.22 | 1 192.20 |

| 增长因素分析 | 美国 | | 澳大利亚 | | 新西兰 | |
|---|---|---|---|---|---|---|
| | 第一阶段 | 第二阶段 | 第一阶段 | 第二阶段 | 第一阶段 | 第二阶段 |
| 实际出口增长 | 9 957.41 | 18 039.78 | 9 277.21 | 7 811.55 | 14 045.59 | 145 763.83 |
| 第一层次分解 | | | | | | |
| 结构效应 | 7 352.64 | 9 750.27 | 1 702.23 | 3 098.72 | 23 186.54 | 59 507.78 |
| 竞争力效应 | 946.90 | 3 621.14 | 5 423.69 | 3 379.13 | −5 007.14 | 44 152.44 |
| 竞争与结构交叉效应 | 1 657.87 | 4 668.37 | 2 151.29 | 1 333.69 | −4 133.82 | 42 103.61 |
| 第二层次分解 | | | | | | |
| 增长效应 | 7 614.34 | 12 352.53 | 1 340.37 | 3 097.11 | 22 939.19 | 51 374.09 |
| 产品结构效应 | −261.70 | −2 602.26 | 361.86 | 1.61 | 247.36 | 8 133.69 |
| 综合竞争力 | 769.22 | 2 428.74 | 6 157.58 | 3 507.05 | −4 461.25 | 51 397.45 |
| 产品竞争力 | 177.68 | 1 192.40 | −733.88 | −127.92 | −545.89 | −7 245.01 |
| 交叉效应 | 1 657.87 | 4 668.37 | 2 151.29 | 1 333.69 | −4 133.82 | 42 103.61 |

注：统计结果根据 UNCOMTRADE 数据库数据计算获得。

## 3.5　现状分析及预测

从数量上看，我国奶类的产量是 3 650 万吨，奶牛存栏是 1 440 万头，乳制品产量是 2 698 万吨，乳品进口是 183 万吨，中国已经成为了名副其实的奶业生产和消费大国；从规模上看，虽然 2013 年，我国牛奶的产量和奶牛存栏数量上有所下降，但转型升级明显加快，家庭养殖因为效益的问题快速退出养殖市场，使标准化规模养殖大幅度提升，百头以上的存栏比重达到 41%，比 2008 年提高 2%；从装备上看，机械化挤奶率达到 90%以上，全混合日粮（TMR）信息化、智能化管理系统被广泛应用在很多加工企业的装备上，甚至达到或超过世界一流水平；从质量上看，国家制定了一系列法规和标准，并且实施了全产业链的严格监管，生鲜乳和乳制品的质量水平明显提高，据监测，牧场生鲜乳蛋白率、脂肪率分别保持在 3.3%和 3.8%，卫生指标也有很大的提升，生鲜乳抽检百分之百合格，乳制品抽检合格率达到 99.8%，可以看到，乳制品是最安全的食品之一；从效益上看，在养殖环节，2013 年我国每头奶牛每年净收入达到 4 952 元，同比增长 15%，在加工环节，像伊利、蒙牛这些大型的企业收入都达到 400 亿；从整体素质上看，由于我国标准化养殖的快速推进，我国奶业正由传统产业向现代产业快速转变，生产效率大幅度提升，整体素质明显提高；从政策上看，奶业是我国优先发展的产业，近年来，各种法律法规的出台，使奶业做到了有法可依、有章可循，同时，中央政府和地方政府也出台了一系列扶植政策。

但是 2013 年下半年受奶源紧张及需求增长的影响，引发大范围的“奶荒”，乳企上演抢奶大战，奶价涨至历史高位。在国内产奶增加及大量低价进口奶粉的冲击下，2014 年奶业发展形势悄然急转直下，2 月初奶价停涨，此后一路下滑至今，奶农交售困难，个别地方甚至出现杀牛、倒奶现象，奶牛养殖处于亏损边缘。随着中澳签订自贸协定，将逐步取消奶业关税；欧盟 2015 年度将解除奶业配额；中国乳企频频开展跨国合作，不惜重金打造海外奶源基地。2015 年是国内奶业发展艰难的一年，应加快奶业转型升级，加紧重塑国产奶类产品消费信心，维护奶农利益，保护好奶业发展的基础。

### 3.5.1 鲜奶价格持续下行，不同区域价格走势各异

鲜奶价格的下降的原因主要是西部奶业带和中原奶业带的下降。这些现象表明目前国内奶源短缺形势逐步缓解，奶牛养殖的利润空间将会逐渐缩小。

全国奶牛养殖主产区鲜奶价格以大城市周围地区最高，次之是西部奶业带和中原奶业带，东北内蒙古奶业带的鲜奶价格最低。并且不同养殖区域生鲜乳平均价格变化趋势也不完全相同，东北内蒙古地区鲜奶价格没有出现显著下降，鲜奶价格仍维持在高价；西部奶业带和中原奶业带鲜奶价格显著下降。

### 3.5.2 规模化牛场生鲜乳质量处在较高水平

2014 年我国规模化养殖牛场生鲜乳平均乳蛋白率为 3.16%，比 2013 年同期水平略高，平均乳脂率为 3.84%，比 2013 年同期水平略低。生鲜乳平均乳蛋白率和平均乳脂率的变化趋势与往年基本相同，都呈现出“冬高夏低”的特点。生鲜乳成分指标处在较高水平，这也表明了近几年我国奶牛养殖水平不断提高，对生鲜乳制品质量的关注更加看重。

2014 年全国四大奶牛养殖区域生鲜乳平均乳蛋白率以东北内蒙古地区最高，乳蛋白率达到 3.22%，次之是中原奶业带和大城市周边地区，西部奶业带乳蛋白率最低；乳脂率以大城市周边地区含量最低，为 3.68%，其余三个区域相差不大，为 3.9%左右。

根据国家奶牛产业技术体系监测的 300 多个规模化牧场的数据，2014 年国家奶牛产业技术体系示范场奶牛存栏量整体呈现上涨的趋势，总存栏量 27.63 万头，与 2013 年相比增长了 1.6%。存栏增加的主要是由目前较高的奶牛养殖效益所致，促使牧场扩大养殖规模，减少奶牛淘汰，存栏量增加。相对应，鲜奶产量从 2013 年底呈现不断上涨的趋势，如 2014 年第一季度月平均生鲜乳产量比 2013 年底增加了 6.2%，到 3 月份鲜奶月产量达 9.87 万吨。

### 3.5.3 受进口奶粉、生产量增加的影响，生鲜乳价格逐渐下行①

进口奶粉和液态奶数量进一步增加。2014 年奶粉进口同比增长 61%，同时进口奶粉价格呈现下降的趋势，大量价格低廉的进口奶粉，对中国乳业产生强大的冲击，致使鲜奶价格在短时间内难以得到回升。2013 年干乳制品净进口为 138.8 万吨，液态奶净进口为 17 万吨，折合成原奶为 1 120 万吨，2013 年我国牛奶产量仅 3 532 万吨，进口依存度达至 23%。液态奶进口量未来会有进一步增长的趋势，2014 年 5 月澳大利亚和中国就澳大利亚鲜奶出口到中国快速通关达成协议。这使得澳大利亚的鲜奶快至 7 天内运达中国，比之前超过 20 天的时间大大缩短。

进口液态奶受中国市场的欢迎程度，从 2013 年超过九成的增长趋势中可见。据海关总署统计，液态奶进口额的增长率，高居乳制品类第一。未来 5 年进口液态奶增长将达到近百倍。当年帕玛拉特等外资品牌因中国液态奶市场竞争激烈而退出，如今进口液态奶几乎全部卷土重来。未来会对中国乳制品行业产生进一步的冲击，如果液态奶市场失守，整个中国乳业面临的处境会更

① 资料来源：2014 年山东省奶业发展报告

艰难。

规模化牧场数量的增加及产量的稳步上升。由于受到 2008 年三聚氰胺事件的影响，蒙牛、伊利、光明等大型乳制品企业意识到自建牧场、自给奶源的重要性，都在建设自己的规模化牧场。与此同时，外资企业也看到中国乳制品行业这块大蛋糕，纷纷投资中国，兴建牧场。这些规模化养殖牧场由于管理水平高、硬件设备条件好，致使奶牛的单产稳步提高，有些万头牧场的单产已经实现了 36 千克/天。随着规模化牧场占整个养殖规模百分比的增加，保证了奶源的供给量充足稳定，致使奶源供给过剩。这些规模化牧场，提供了充足、高品质的奶源，对小规模养殖户产生了一定的冲击。

居民消费、企业加工能力下降。一是市场奶制品价格上涨，常规低价乳制品生产量减少，使居民消费力下降，企业压力随之增加，拓展市场困难，只能降低原奶收购价格；二是乳品公司库存较多，2013 年原料奶紧缺，国内乳企扩大进口大量囤购奶粉，同时减少低端产品的生产，并多次提升价格，对消费产生了负面影响，致使乳企销售量下降，库存积压；三是乳企数量降低，根据《婴幼儿配方乳粉生产许可审查细则（2013 版）》，2014 年 5 月 31 日在新一届生产许可证的换发审核中，原 133 家奶粉企业中有 82 家重新获得许可，51 家未过审查，对原料奶需求减少；四是政策影响，中央八项规定，团体采购以及高端礼品奶销售降低。据统计，2014 年上半年国内乳制品产量同比降低 1.8%，其中液态乳产量下 1.42%，奶粉产量下降 10.87%。

奶牛养殖产业抵抗风险能力差。由于奶业发展时间缩短，现代化奶业体系发展不够完善，养殖饲养成本高、单产水平低，与国外相比综合生产能力较低。如奶牛养殖现代化程度较高的山东，目前奶牛单产大致为 6 吨/头，虽然位于全国前列，但远低于国外发达国家 9～10 吨的单产水平；2014 年全国牛奶均价 3.83 元/千克，比新西兰、美国、欧盟 2～3 元的市场价都高。同时，国内玉米价格是美国玉米价格的 2 倍多，加上苜蓿等高蛋白饲料匮缺、牧场养殖管理水平不足、中小规模养殖品种改良不足、防疫费用上涨等一系列因素，造成系统性成本较高。特别是对于规模化牧场，很多规模化牧场为了提高奶牛产奶量，很多原料都是进口。例如粗饲料包括进口苜蓿、进口燕麦草，精饲料包括进口豆粕、膨化大豆、DDGS 等。由于国家对转基因作物进口的限制，致使相关的饲料价格进一步提升，直接影响原料奶的成本。

从目前中国乳业的情况来看，鲜奶价格还会在很长的时间维持一个较低的价格。最近，中国与澳大利亚签署了自由贸易协定意向书，其中澳大利亚乳制品进口关税将在 4 年内逐步取消，中澳自由贸易协定无疑将导致澳大利亚乳制品量进口大幅增加，尤其是液态奶的大幅增长将冲击国内高端液态奶市场。随着澳大利亚零关税乳制品逐步临近，我国本土原料奶生产成本高的劣势会日渐凸显。自 2015 年 4 月 1 日起，欧盟牛奶产量配额制将正式取消，欧盟原奶产量将提升，这会不可避免地加快进入中国这个大市场，中国乳制品市场将成为世界乳制品企业共同的舞台。

在众多跨国乳业集团的冲击下，中国乳品市场奶源供给过剩的现象将会继续存在。饲料原料将继续维持着较高的价格。奶牛养殖户的效益将维持在一个较低的水平。

规模化牧场，由于管理水平高，为山东市场提供了充足稳定的奶源。加上进口乳制品的冲击，所以整个乳业还会继续存在奶源过剩的现象，对中小牧场的考验将更加严峻。山东境内的小牧场未来半年能否经得起来自大牧场及国外乳制品的双重冲击，将是决定其能否生存下来的关键。

### 3.5.4 规模化牧场存栏量上升，散户比例持续下降

规模化牧场的奶牛存栏量在波动中呈现上升趋势，散养户比例持续降低。2013 年上半年，奶牛存栏量不断波动，但总体仍呈上升趋势，月平均增长为 0.27％。2013 年以来，由于受饲养成本上升、牛肉价格上升及疫病等因素的影响，散户奶牛养殖的比较效益持续降低，低产、病残奶牛加速淘汰，散户加快退出奶牛养殖市场。2013 年国家继续大力推进奶业标准化规模养殖，通过扶持奶牛规模养殖、实施良种补贴和开展生产性能测定等多项优惠政策和资金补贴措施，加快奶牛养殖模式的转变。据农业部监测，散户奶牛存栏量与 2013 年相比减少 4％。

散养户加速退出奶牛养殖市场，奶牛标准化规模养殖进程加快。目前，我国原料奶的收购价格已位居全球前列，排名世界第四位，高于美国，更高于新西兰和澳大利亚。但与之形成巨大反差的是，国内的大部分奶牛养殖户并没有享受到高收购价带来的利润。这主要原因是大部分散养户养殖水平落后，养殖规模小、单产低，加上饲料成本上涨和疫病等原因，奶农盈利空间缩小，养奶牛不如外出打工赚钱，年轻人不愿意从事这一行业，散养户正逐步退出养殖市场，目前留在这行业的养殖户多是 40 岁以上的中年人。与此同时，2012 年底至 2013 年初牛肉价格上涨 21％，导致淘汰牛价格也随之上涨，进一步加速散养户退出奶牛养殖市场。

根据调查显示，2012 年至 2013 年初，河北省淘汰牛的价格达到 22 元/千克，每头淘汰奶牛的销售价格在 1 万元左右，膘情好的奶牛可卖到 1.3 万元/头，稍微加些钱就可以购买一头优质奶牛，加快了养殖户的淘汰步伐。由于肉牛与犊牛市场活跃，初生犊牛被抽血清后卖肉还能获利近千元，部分养殖户只

为追逐眼前利益，将公犊母犊一并出售，造成后备牛源数量减少。由于劳动力价格上涨，每个劳动力外出打工年平均收入约为 2.5 万元，比养 15 头泌乳奶牛还要赚钱，导致部分小规模养殖户不愿意再从事奶牛养殖业，由此出现卖牛打工现象。

散养户加速退出奶牛养殖业，中小养殖场发展速度受到资金以及人才的双重压力，填补空缺的速度赶不上散户退出的速度。规模化养殖场由于养殖水平较高，牛奶品质较好，价格优势明显，效益较高，养殖规模不断扩大，数量不断增加，奶牛标准化规模养殖进程加快推进。近年来，农业部通过扶持奶牛规模养殖、实施良种补贴和开展生产性能测试等多种途径，加快推进奶牛标准化规模养殖，转变奶业发展方式。2012 年我国存栏 100 头以上的奶牛场和养殖小区的比例已经占到总存栏量的 35%，比 2011 年提高了 4.4 个百分点，比 2008 年提高了 15.5 个百分点。据农业部监测，2013 年，散养奶牛存栏量同比减少 4%。全国 100 家主要乳品企业总共自建牧场 240 多个，自有奶源约占全部奶量的 11.2%。

**1. 生产形势**　奶产量继续稳步增加，增长速度明显放缓。未来 10 年，中国奶业生产进入关键转型期，奶类产量继续稳步增加。预计到 2023 年全国奶类产量比 2013 年增长 1 375 万吨，达到 5 025 万吨。但是与过去 10 年相比，中国奶类产量年均增长率将从 7.1%下降至 3.5%。奶类产量增长速度放缓的主要原因，一方面，中国政府越来越重视环境保护，畜禽养殖作为点源污染之一，其发展受到环境制约；另一方面，适宜的土地资源、水资源短缺，饲料饲草资源不足，使存栏数量的大幅度扩充受到约束。短期看，2014—2015 年中国奶业生产将呈现恢复性增长，奶类产量表现为持平略增的态势。2016 年以后奶类产量将恢复常态增长，预计年均增长率为 3.7%。

奶产量增加主要靠单产，规模化和技术进步是推动力，未来 10 年奶类产量的增加将主要依靠单产的提高。预计未来 10 年中国奶牛单产水平将达到 6.5 吨，年均增长率将由近 10 年的 5.4%下降至 1.7%。过去 10 年是中国奶业高速发展的时期，牛奶存栏数量和单产水平均快速增加，直接推动了奶产量的提高；未来 10 年，受资源环境约束，存栏数量增长将明显放缓，与大多数发达国家相似，中国奶产量的增加将主要通过提高单头奶牛产奶量得以实现，即集中体现为生产率的提高。规模化程度提高和技术进步是未来推动奶牛单产水平提升的重要因素。过去 10 年，中国存栏 100 头以上奶牛规模化养殖比重提高了 25.40 个百分点，2013 年，存栏 100 头以上奶牛规模化养殖比重达到 41.1%。随着国家和各级地方政府对畜禽规模化养殖的推进，未来 10 年中国奶牛养殖的规模化程度将快速提升，预计 2023 年中国存栏 100 头以上奶牛规模化养殖比重将会再提高15～20个百分点。与此同时，品种资源、饲喂技术、管理水平等提高也是未来10年奶牛单产水平提升的重要因素。

奶制品加工继续扩大，仍以液态奶为主。由于国内需求旺盛，预计未来10年中国奶制品加工量将继续扩张。但是与奶产量增速放缓的趋势一致，展望期间，奶制品加工量的增长速度预计将由过去10年的14.1%大幅回落至7.0%。其中，液态奶加工量的增速将由过去10年的14.9%下滑至10.0%，干乳制品加工量的增速将由过去10年的9.9%下滑至4.5%。未来10年，国内乳制品加工仍以液态奶为主，液态奶加工量占80.0%以上。

2. **消费形势** 奶制品消费将大幅度增加，城乡居民继续保持明显差距。随着城乡居民收入水平和城镇化水平的不断提高，奶制品消费将大幅度增加。预计到2023年，中国城乡居民人均奶制品消费量（含乳饮料、冰淇淋、蛋糕等其他食品中奶制品消费量）将达到38.9千克，年均增速为2.0%。其中，城镇居民人均奶制品消费量将达到45.5千克，年均增速为1.0%；农村居民人均奶制品消费量将达到27.0千克，年均增速为2.5%。与过去10年相比，展望期间农村居民奶制品消费继续保持较高增长水平，城镇居民奶制品消费量增长速度明显加快。主要原因是收入水平提高、消费信心恢复、学生饮用奶计划推进和生育政策调整等。

生育政策调整推动奶制品消费增加，国内奶粉市场需求增加。未来10年，生育政策的调整将直接推动奶制品尤其是奶粉消费量的增加。自2014年起实施的“单独二胎”政策，使压抑了很长时间的生育势能得到一定释放，政策调整后的2～3年可能会出现出生堆积现象。据估计，“单独二胎”政策将会使中国每年的新生儿人数增加100万～200万，未来10年中国将增加900万～1 500万个婴儿。据预计，按照新生儿年均增长9.0%～19.0%的速度，若同时考虑奶粉喂养比例上升的因素，预计国内婴幼儿奶粉市场的年增量为10.0%～20.0%，即每年国内婴幼儿奶粉市场扩容量为38.50亿～77.00亿元。扩容的需求已经引起海外多家奶粉巨头关注，纷纷通过与中国企业合作等方式抢占中国市场。

农村居民鲜奶消费增加，城镇居民奶酪消费增长较快展望期间，中国奶制品消费结构将进一步发生变化。过去10年，中国城镇居民奶制品消费以液态奶为主，农村居民以奶粉为主，黄油、奶酪等消费极少。2014—2023年，预计所有奶制品消费会明显增长，其中城镇居民奶酪的消费量将会明显高于过去10年的增长速度，农村居民鲜奶的消费量将会明显高于过去10年的增长。一方面，随着冷链物流和超市的快速发展，农村地区鲜奶消费流通环境逐步改善，浙江、江苏等沿海发达地区乳品企业已经推出鲜奶直接送到农户家的服务，从而使农村居民增加鲜奶消费成为现实。另一方面，奶酪等其他奶制品的高营养价值逐渐被城镇居民认可，不少城镇家庭的孩子已经在食用，未来的消费群体已经确定，奶制品消费品种多样化格局将逐步形成。

**3. 贸易形势** 奶制品供需缺口长期存在，奶制品贸易仍将增加展望期间，奶制品进口仍将保持较快增长，但进口增幅明显小于过去10年。由于供需缺口长期存在，且缺口可能存在加大趋势，预计今后10年，中国奶制品贸易总体上仍将增加。预计到2023年，中国奶制品进口总量（折合原料奶）将达到1 310万吨，与基准期2011—2013年相比增长47.9%。预计2014—2023年奶制品进口量（折合原料奶）年均增长率为2.0%，明显小于过去10年15.5%的增幅。过去10年尤其近5年，较低的关税水平、国产乳品安全事件频发、国内需求的增加，直接导致中国奶制品进口呈现“井喷式”增长。未来10年，根据中国加入WTO的承诺，中国奶制品关税将继续保持现有水平，虽然奶制品进口增长趋势仍会持续，但是增长幅度会逐渐趋于平稳，恢复正常年份水平。

奶制品进口结构进一步调整，奶粉比重明显提升过去10年，中国奶制品进口结构发生较大变化，奶粉进口量比重提高了近18个百分点，乳清粉比重下调了22个百分点，其他奶制品比重相对稳定。未来10年，由于关税政策、生育政策的调整，预计中国奶制品进口结构将进一步小幅调整，鲜乳、奶粉、乳酪的进口份额继续略有提升，奶油和乳清粉的比重将进一步下调，进口份额变动幅度较大的奶制品依然是奶粉和乳清粉。奶粉需求进一步扩张，全脂奶粉和脱脂奶粉将全面增加。由于供需缺口长期存在，预计未来10年国内奶粉需求将进一步扩张，2014年奶粉进口量或将突破90万吨（折合原料奶630万吨），2023年或将超过110万吨（折合原料奶770万吨），奶粉进口量占奶制品进口总量（折合原料奶）的比重或将超过57%，全脂奶粉和脱脂奶粉进口均增加。这一推测主要是依据近期奶粉关税水平的调整。2013年，中国政府单方面实施婴儿配方奶粉和用于调配婴儿奶粉的原料的关税从20%降至5%，2014年，中国政府对“供婴幼儿食用的零售包装配方奶粉”“乳蛋白部分水解配方、乳蛋白深度水解配方、氨基酸配方、无乳糖配方特殊婴幼儿奶粉”执行5%的进口商品暂定税率。

乳清粉进口增长明显减缓，奶酪和液态奶进口将持续强劲增长。乳清粉进口继续增加，年均增长率明显下降。过去10年，乳清粉进口虽然保持增长，但年均增幅在主要奶制品中最低，占奶制品进口总量的比重由61.3%下降至39.0%。因此，预计展望期内国内乳清粉进口需求将继续保持一定的增长，年均增长率可能继续下降至1.0%，明显低于过去10年的水平。由于其他奶制品进口的增加，展望期间乳清粉进口量占奶制品进口总量的比重或将继续下调约 4 个百分点，由 39.0%下降至 35.0%。奶酪进口需求预计将持续强劲增长，年均增速或将达到 4%。未来 10 年，由于需求增加，奶酪进口会出现较大幅度增加，2014—2023 年年均增长率预计为 4.0%，2014 年进口或将突破 5 万吨（折合原料奶为 50 万吨），2023 年进口或将达到 7 万吨（折合原料奶为 70 万吨）。两方面因素将推动奶酪进口需求的大幅度增加：一是奶酪的高营养价值逐渐被国内消费者认可，越来越多城镇家庭的孩子开始食用奶酪；二是奶酪被越来越多地用于面包、糕点等食品加工，比萨饼、汉堡包等快餐食品中的用量也明显提升。关税下调使得进口鲜乳更具竞争优势，进口需求大幅增加。鲜乳（鲜奶和酸奶）是过去 10 年进口增长最快的奶制品，受国内需求和进口关税下调影响，2011 年以来每年呈现成倍增长趋势，预计展望期间其进口需求将继续保持强劲势头，年均增长率可能超过 3.0%，2014 年进口预计超过 19 万吨，2023 年进口或将达到 25 万吨。根据中国加入 WTO 的承诺，2013 年，中国鲜乳关税由 2012 年的 15%下降至 10%，进口关税下调使得进口鲜乳更具价格竞争优势，消费需求明显提升。

进口国别继续高度集中，新西兰进口份额仍为绝对主导。预计未来 10 年，中国从新西兰、澳大利亚、美国、欧盟进口奶制品的份额仍在 90%以上，从新西兰进口份额仍为绝对主导。根据《中华人民共和国政府和新西兰政府自由贸易协定》（以下简称《协定》），2019 年开始新西兰出口中国的奶粉将享受零税收的优惠，这将进一步提升新西兰奶制品在中国奶制品贸易国中的竞争地位。虽然《协定》中对四类奶制品实施了特殊保障措施，即生效时至 2023 年，每年设定了全年触发水平量，但除了两类产品外，其余产品的触发水平量将在 2022 年以后取消。因此，农产品特殊保障措施的作用也会在未来 10 年中逐渐减弱。

出口不会出现大幅度提升，出口对奶业发展作用有限。过去 10 年，中国奶制品出口量占全国奶产量的比重极小，最高年份不足奶产量的 2%，最低年份仅为奶产量的 0.23%。尤其受乳品安全事件影响，2009 年以来出现明显下降趋势，2013 年奶制品出口量（折合原料奶）为 8.20 万吨，仅是 2007 年最高水平 65.37 万吨的 12.5%。今后 10 年，预计世界奶制品的出口贸易总体有望增长。但中国奶制品生产仍以满足国内需求为主，出口不会出现大幅度提升，预计 2023 年出口量折合原料奶在 70 万吨左右，占国内奶类产量的 1.4%。与世界主要奶业生产国相比，中国奶制品在产品加工规格、分类等级、包装、储藏、运输、食品安全等方面存在一系列技术问题，这也是制约中国乳制品出口的关键因素。

## 3.6 本章小结

我国奶业总体生产平稳，养殖成本呈上升趋势，挤压部分奶农利润空间，但随着奶价上调，奶农占据主体地位凸显，各省奶牛养殖规模化进程得到不断推进。我国奶牛养殖业发展具有以下特点：

第一，从全国存栏份额及产量来看，内蒙古（19.10%）、黑龙江（13.38%）、河北（13.10%）、新疆（10.47%）、山东（8.73%）等黄河以北地区占据我国奶牛养殖业大部分地区。其集中趋势越来越明显。而内蒙古、河北、山东、黑龙江四大产奶大省年产奶量就超过全国总产奶量的50%。我国奶牛养殖呈现出向优势地区集中趋势。

第二，从养殖户成本收益来看，2012年全年可称为养殖业寒冬却也是复苏之年。奶牛净收益较2011年都有明显下降，虽然淘汰奶牛由于牛肉高价能够挽回部分损失，但是从长期来看，养殖业恢复需要一个相当漫长阶段。据统计资料显示，江苏地区奶牛养殖收益降幅达到58%以上，在2011年奶牛平均利润为2 436.8元，但2012年却仅有1 000元左右。

第三，从养殖意向来看，我国奶农养殖户养殖意向受到诸多因素影响，其中政府支持度、自身教育程度都是非常重要因素。从宏观角度来说，现阶段养殖户企图扩张养殖规模占绝大多数。

第四，中国乳制品出口地和种类单一，出口过分依赖香港等单一地区和国家的需求扩张。根据中国乳制品出口增长额增长效应结果，第一阶段增长效应贡献率高达591.91%，而第二阶段显著下降，但仍旧高达116.97%。表明中国出口增长很大程度依赖于香港等非主要乳制品生产地区，为中国乳制品出口带来很大波动性和不可持续性。

第五，产品结构效应有待提高。虽然第二阶段贡献率上升到－44.40%，但是其对中国出口阻碍作用却依旧显著。原因是中国乳制品出口品种过于单一，主要出口鲜奶和奶粉。由于这些传统份额减少，新兴市场又开拓不够，中国乳制品出口市场结构急需优化。

第六，中国奶业综合竞争力明显提升，但在国际市场仍旧处于弱势。在中国乳制品出口综合竞争力分析中，中国奶业竞争力贡献率从第一阶段的－281.99%猛增到第二阶段的－7.47%。究其原因，这是由于中国自2008年婴幼儿奶粉事件以来，中国政府重新重视奶业安全，使得奶业生产结构转型速度不断加快，标准化水平持续提高，生产性能测定（DHI）不断完善，风险预警检测更是趋于常态，乳品市场持续向好。但是中国现阶段综合竞争力效应依旧逆向拉动中国出口，说明中国奶业离“创民族品牌，建世界一流奶业”差距还很大，需要持续推进奶业改革。

第七，国内乳制品供需缺口持续扩大。中国乳制品进口增长效应受到国外供给影响不断变弱，但其贡献率仍旧高达35.77%。说明中国国内乳制品供需缺口不断扩大，由于国内奶源紧张、国外乳制品价格低廉、供给充裕，使得中国乳制品需求只得转向国际市场。

第八，中国乳制品主要进口国竞争力不断提升，中国国内奶业压力变大。外国奶业竞争力由第一阶段的13.40%提高到第二阶段的37.87%，外国竞争力显著增强。值得指出的是，由于外国自身奶业竞争力提升造成中国进口额增加的贡献率成为最主要原因，而增长效应退居第二位。说明中国奶业竞争力和外国奶业竞争力对比中，外国奶业竞争力更具优势，更容易占领中国市场。因此，中国乳业贸易逆差短期内不会发生根本性转变，甚至还将继续保持高速增长态势。

# 奶牛养殖技术效率模型测算

## 4.1 随机前沿生产函数模型设定

本节采用最为常见生产函数一般形式，即超越对数生产函数，其中 C-D 函数是其函数形式特定形式。超越对数函数函数形式如下：

$$\ln Y_{it} = \beta_0 + \beta_1 \ln L_{it} + \beta_2 \ln K_{it} + \beta_3 \ln J_{it} + \beta_4 \ln C_{it} + \beta_5 T + \beta_6 T^2 + \beta_7 (\ln L_{it} \cdot T) + \beta_8 (\ln K_{it} \cdot T) + \beta_9 (\ln J_{it} \cdot T) + \beta_{10} (T \cdot \ln C_{it}) + \beta_{11} (\ln L_{it})^2 + \beta_{12} (\ln L_{it} \cdot \ln K_{it}) + \beta_{13} (\ln L_{it} \cdot \ln J_{it}) + \beta_{14} (\ln L_{it} \cdot \ln C_{it}) + \beta_{15} (\ln K_{it})^2 + \beta_{16} (\ln K_{it} \cdot \ln J_{it}) + \beta_{17} (\ln K_{it} \cdot \ln C_{it}) + \beta_{18} (\ln J_{it})^2 + \beta_{19} (\ln J_{it} \cdot \ln C_{it}) + \beta_{20} (\ln C_{it})^2 + (v_{it} - \mu_{it})$$

其中，$Y_{it}$ 表示在 $t$ 时期第 $i$ 个养殖户牛奶产量；

$L_{it}$ 表示在 $t$ 时期第 $i$ 个养殖户年人工成本；

$K_{it}$ 表示在 $t$ 时期第 $i$ 个养殖户年固定投入；

$J_{it}$ 表示在 $t$ 时期第 $i$ 个养殖户年精饲料投入；

$C_{it}$ 表示在 $t$ 时期第 $i$ 个养殖户年粗饲料投入；

$T$ 表示样本时期（2007＝1，2008＝2，2009＝3，2010＝4，2011＝5，2012＝6)；

$v_{it}$ 和 $u_{it}$ 分别符合正态分布和截断分布。

技术非效率影响因素模型形式如下：

$$u_{it} = \delta_0 + \delta_1 A + \delta_2 B + \delta_3 T + \delta_4 C + \delta_5 D + \delta_6 E$$

其中 $i$ 为样本容量，$t$ 为时期：

具体原理在第二章已做详细阐述，这里不再赘述。

## 4.2 估计结果

### 4.2.1 随机前沿生产函数估计结果

首先随机前沿估计前要确定生产函数形式，考虑到现有函数形式主要涉及四种，本书利用排除法进行，首先假设检验 1 主要检验 C - D 生产函数是否适用于奶牛养殖户生产效率分析，结果如表 4-1 所示，拒绝原假设，原假设为生产函数形式为 C-D 生产函数形式。假设检验 2 主要指所有于时间 T 相关变量都为 0，即技术进步不存在。同样的，该假设被拒绝，说明生产函数中存在技术进步。假设 3 是主要是验证技术进步能否影响到投入要素间边际技术替代率，即是否存在希克斯非中性技术进步。若假设 3 存在希克斯中性技术进步，即投入要素边际技术替代率不受到技术进步影响，检验结果同样拒绝原假设，即边际替代率受到技术进步影响。最终，随机前沿生产函数模型选用以超越对数生产函数形式进行技术效率值计算。

**表 4-1 各生产函数形式假设检验**

| 假设检验 | F 统计量 | P 值 | 显著性 |
|---|---|---|---|
| 1：*Null Hypothesis*：<br>C (7) =0, C (8) =0, C (9) =0, C (10) =0, C (11) =0,<br>C (12) =0, C (13) =0, C (14) =0, C (15) =0<br>C (16) =0, C (17) =0, C (18) =0, C (19) =0 | 7.552 | 0.000 0 | 拒绝原假设 |
| 2：*Null Hypothesis*：<br>C (6) =0, C (11) =0, C (15) =0, C (18) =0, C (20) =0,<br>C (21) =0 | 14.077 7 | 0.000 0 | 拒绝原假设 |
| 3：*Null Hypothesis*：<br>C (11) =0, C (15) =0, C (18) =0, C (20) =0, C (21) =0 | 6.195 741 | 0.000 0 | 拒绝原假设 |

确定模型形式后，本节将所有规模近六年数据进行系统分析，得出估计结果如表 4-2。模型似然比检验 LR=68.385 3，说明模型结果整体具有统计意义，可以进一步分析。模型估计中最为重要两个变量 $\sigma^2$ 和 $\gamma$ 是解释模型技术效率情况最重要变量。在前些章节我们知道随机前沿生产函数是将残差分为随机误差项和技术非效率项，两个残差项其分布标准差为 $\sigma_v$、$\sigma_\mu$。$\sigma^2=\sigma_v^2+\sigma_\mu^2$、$\gamma=\sigma_\mu/\sigma_v^2+\sigma_\mu^2$，其中 $\gamma\in(0,1)$，当 $\gamma$ 接近于 1 时，表示生产过程中造成损失值都是由于技术非效率造成。本次估计结果 $\gamma=0.3$，表示存在技术非效率，但是技术非效率较低，奶牛养殖环节生产效率情况较为乐观，且处于技术利用水平较为成熟。虽然我国奶牛养殖整体技术效率水平较高，但是 $\gamma$ 仍然高于 0，即奶牛养殖业生产距离生产前沿面还有部分距离，技术非效率情况广泛存在。

表 4-2　随机前沿生产函数估计结果

| 名称 | 系数 | 标准差 | T 值 | P 值 | 名称 | 系数 | 标准差 | T 值 | P 值 |
|---|---|---|---|---|---|---|---|---|---|
| beta 0 | 18.61 | 1.92 | 9.7 | 0.000 0 | beta12 | 0.19 | 0.06 | 2.99 | 0.003 |
| beta 1 | −0.47 | 0.86 | −0.54 | 0.587 5 | beta13 | −0.03 | 0.08 | −0.38 | 0.703 |
| beta 2 | −3.58 | 0.89 | −4.00 | 0.000 1 | beta14 | −0.12 | 0.04 | −3.38 | 0.000 8 |
| beta 3 | 0.68 | 0.72 | 0.95 | 0.343 9 | beta15 | 0.01 | 0.08 | 0.09 | 0.930 3 |
| beta 4 | −0.23 | 0.49 | −0.47 | 0.639 9 | beta16 | 0.38 | 0.15 | 2.60 | 0.009 6 |
| beta 5 | 0.53 | 0.16 | 3.29 | 0.001 1 | beta17 | −0.13 | 0.08 | −1.69 | 0.092 4 |
| beta 6 | 0.01 | 0.00 | 3.75 | 0.000 2 | beta18 | −0.19 | 0.08 | −2.26 | 0.024 4 |
| beta 7 | −0.01 | 0.01 | −0.81 | 0.417 9 | beta19 | 0.05 | 0.06 | 0.81 | 0.419 |
| beta 8 | −0.05 | 0.02 | −2.81 | 0.005 3 | beta20 | 0.12 | 0.02 | 5.16 | 0.000 0 |
| beta 9 | −0.01 | 0.02 | −0.57 | 0.567 9 | $\sigma^2$ | 0.01 | 0.00 | 4.91 | 0.000 0 |
| beta10 | −0.02 | 0.01 | −1.64 | 0.101 4 | $\gamma$ | 0.30 | 0.20 | 1.70 | 0.104 5 |
| beta11 | 0.02 | 0.03 | 0.63 | 0.527 7 | | | | | |
| 似然值 | | | | | 380.095 6 | | | | |
| 似然比 | | | | | 68.385 3 | | | | |

## 4.2.2　技术效率损失函数估计结果

由影响因素统计结果来看：①变量医疗疾病类指数对于奶牛技术效率影响值较小基本可以忽略，且统计结果不显著，也就是说医疗疾病支出等对于技术效率没影响，即奶牛疾病对于产量影响在全国范围内来看影响不大。②时间 $T$ 对于技术效率而言呈正向影响，也即是说技术进步对于技术效率提升有促进作用，且统计结果非常显著。此统计分析结果进步一验证在生产函数筛选过程中技术进步的存在。③$\delta_4$表示牛奶价格系数，其系数为负值，表示奶价越高对技术效率影响越不利。这是由于奶价升高同时近期饲料价格增速放缓，养殖户利润空间扩大，新进入散户群体增多，但其技术水平无法于大规模成熟养殖户相比，造成技术效率降低及资源浪费存在。当利润空间减小时，奶价下调，饲料成本提升或相对提升时，奶农无法承受而退出养殖业造成无效率养殖户退出，养殖业走向规模化和集聚化。④变量奶牛产量占全国比重作为环境变量，即其集聚效应能否影响技术效率，虽然系数为正，即产业集聚有利于奶农技术效率提升，但其显著性不强，仅在 20%显著水平下能勉强显著，这里暂时还无法下定结论。⑤饲料供给潜力，即当地饲料原材料产量对于技术效率有促进作用，因为自产饲料有利于减少饲料成本，增加农户受益，进而提高生产效率。

表 4-3 影响技术效率因素估计结果

| 名称 | 系数 | T 值 | 标准差 | P 值 |
| --- | --- | --- | --- | --- |
| 常数项 | −0.126 5 | 0.06 | −1.96 | 0.051 4 |
| delta 1 | 0.002 1 | 0.00 | 0.19 | 0.850 4 |
| delta 2 | 0.000 3 | 0.00 | 0.19 | 0.846 8 |
| delta 3 | 0.007 8 | 0.00 | 4.65 | 0.000 0 |
| delta 4 | −0.079 0 | 0.01 | −4.59 | 0.000 0 |
| delta 5 | 0.002 3 | 0.00 | −1.27 | 0.203 9 |
| delta 6 | 0.000 9 | 0.00 | −1.78 | 0.075 8 |
| 似然值 | | 380.095 6 | | |
| 似然比 | | 68.385 3 | | |

### 4.2.3 技术效率分析

#### 1. 各饲养规模间生产效率差异分析

根据我国 2007—2012 年随机前沿生产函数模型，估算出散户、小规模、中规模、大规模养殖户各年平均技术效率值。从近六年数据来看，散户技术效率值由 2007 年 76.77%增加到 78.65%。而小规模、中规模、大规模技术效率都有不同程度提高。将各规模间技术效率进行对比，散户、小规模养殖户技术效率值都略远小于大规模。从全国来看，我国散户、中规模养殖户技术效率略低，说明我国奶牛养殖业还有很大进步空间，各规模养殖未能充分利用其规模优势，而小规模养殖在全国层面作为主力军，已经基本摆脱 2007 年前低效、散乱局面。下一步如何提升中大规模优势，促进散户、小规模养殖户在提升技术效率基础上向中大规模养殖业有条不紊转变是我国面临的主要问题。从 2012 年数据可知，我国奶业平均技术效率值都超过 77%以上，这一数字说明我国奶业在技术转化、优良品种引进、奶牛养殖水平等方面距离国际先进水平都具有较大差距。值得指出的是，2007—2012 年，是我国奶业技术效率值猛增，各规模养殖户技术效率值上升幅度都较明显的几年（表 4-4）。这些成果和中央制定关于奶业振兴计划、全国奶牛优势区划分及 2009 年将奶牛养殖列入补贴计划是分不开的。

表 4-4　2007—2012 年各饲养规模间技术效率比较（%）

| 年份 | 散户 | 小规模 | 中规模 | 大规模 |
|---|---|---|---|---|
| 2007 | 76.66 | 77.25 | 76.44 | 82.22 |
| 2008 | 77.07 | 77.65 | 76.85 | 82.55 |
| 2009 | 77.48 | 78.04 | 77.26 | 82.86 |
| 2010 | 77.87 | 78.43 | 77.66 | 83.18 |
| 2011 | 78.26 | 78.82 | 78.05 | 83.49 |
| 2012 | 78.65 | 79.19 | 78.44 | 83.79 |
| 平均 | 77.66 | 78.23 | 77.45 | 83.01 |

### 2. 2012 年各主产区间生产效率差异分析

由表 4-5 可知，我国各主产区间技术效率值差别不大，2012 年技术效率值都大于 77%。以上结果说明我国各优势区奶牛养殖场生产效率较高，其中部分效率损失是由环境、疾病等不确定因素导致。从散户来看，发现东北内蒙古奶牛优势区技术效率高于其他主产出。这是由于内蒙古地区是传统奶牛养殖地区，有政府技术支持及丰厚地理条件，其生产效率较高。而小规模养殖户中，华北优势区则略占优势，其主要定位是将奶牛规模化，标准化养殖作为奶牛健康发展的重点措施。如山东地区，大部分奶牛养殖县规模化比例达到 80%，济南等市标准化养殖达到 100%。由于京津沪地区散户极少，数据不全，所以京津沪地区仅分析其中大型牧场，从中大规模来看，京津沪地区在各地区中技术效率值较占优势，现阶段影响其生产效率主要因素是其附带成本高，标准较其他产区严格，以及受到一线城市发展制约，土地成本及其他机会成本使得奶业发展缓慢，但京津沪地区仍是我国奶牛养殖业领头羊，其规模化、标准化推广方式都是其他地区需要学习和借鉴的。从整体来看，我国奶牛养殖业正在由数量增长型向质量增长型转变，且规模化养殖比例不断提高，为标准化生产奠定基础。

表 4-5　2012 年产区生产效率差异分析（%）

| | 京津沪奶牛优势区 | 东北内蒙古奶牛优势区 | 华北奶牛优势区 | 西北奶牛优势区 | 非主产区 | 平均 |
|---|---|---|---|---|---|---|
| 散户 | — | 90.48 | 78.92 | 78.88 | 77.99 | 78.65 |
| 小规模 | — | 78.19 | 83.22 | 79.98 | 79.34 | 79.19 |
| 中规模 | 83.05 | 80.46 | 77.61 | 85.11 | 78.16 | 78.44 |
| 大规模 | 91.87 | 82.41 | 84.33 | 97.35 | 82.23 | 83.79 |

将各产区平均技术效率对比后，这里引入部分主产省历年技术效率值比较，由于数据缺失，部分数据难以统计，本书旨在比较主产省自身较具优势饲养规模。由表 4 - 6 可知，山东地区技术效率平均水平明显高于内蒙古、新疆等地。这是由于山东沿海地区具有丰富饲料原材料，成本优势明显，且山东早在 2009 年在全省推行奶牛数字化信息技术，构建起了奶牛信息化平台。另一方面，山东注重推广技术知识，全省每年举办培训会议等 600 余次。政策扶植力度更是空前，鼓励农民利用荒地、饲料进口免税、奶牛养殖企业免税等措施，大幅降低当地养殖成本，使得其在全国范围内成为仅次于北京、天津等地的发达奶牛养殖区。

**表 4 - 6　历年部分省份技术效率比较（%）**

| 地区 | 年份 | 散户 | 小规模 | 中规模 | 大规模 | | 小规模 | 中规模 | 大规模 |
|---|---|---|---|---|---|---|---|---|---|
| 山东 | 2007 | 84.11 | 85.15 | — | 87.39 | 内蒙古 | 76.16 | 79.16 | — |
| | 2008 | 84.40 | 85.43 | — | 87.63 | | 76.58 | 79.53 | — |
| | 2009 | 84.69 | 85.70 | — | 87.86 | | 76.99 | 79.89 | — |
| | 2010 | 84.97 | 85.96 | — | 88.09 | | 77.39 | 80.25 | — |
| | 2011 | 85.25 | 86.22 | — | 88.31 | | 77.79 | 80.61 | — |
| | 2012 | 85.53 | 86.48 | — | 88.53 | | 78.19 | 80.96 | — |
| 北京 | 2007 | — | — | 81.71 | 91.05 | 黑龙江 | 76.17 | 78.07 | 80.03 |
| | 2008 | — | — | 82.04 | 91.22 | | 76.59 | 78.46 | 80.39 |
| | 2009 | — | — | 82.36 | 91.39 | | 77.00 | 78.84 | 80.74 |
| | 2010 | — | — | 82.69 | 91.55 | | 77.40 | 79.22 | 81.09 |
| | 2011 | — | — | 83.00 | 91.71 | | 77.80 | 79.59 | 81.43 |
| | 2012 | — | — | 83.31 | 91.87 | | 78.19 | 79.95 | 81.77 |

黑龙江地区养殖业发展优势和山东、北京等现代化养殖基地差距不断缩小，其自身饲料原材料优势功不可没。黑龙江处于玉米适宜生长带、奶牛高产带，天然地理优势使其成为奶牛养殖大省。另一方面，黑龙江注重在全国范围内保持其奶牛政策优势，2008 年制定了《黑龙江千万吨奶战略工程规划》其涵盖饲料、生产、资源优化等各个环节。并在 2012 年为保证饲料供应，并充分利用其玉米带优势，种植饲料专用型玉米为奶牛养殖提供物质保障。

内蒙古地区充分利用其草原优势，通过不断整合散户等措施，不断扩大小中规模比例。并初步引进机械榨乳等先进技术，使得现代化奶牛养殖雏形在内蒙古基本建立。在饲料方面，不断改进其传统饲养规模，加入改良饲料等，使奶牛遗传潜力充分发挥。

北京地区在中大规模养殖上具有绝对优势，这和当地政策密切相关。北京市奶业发展有以下经验政策可供借鉴：

**（1）深化区域合作，提高鲜奶及奶制品控制率。**围绕北京农业结构调整和京津冀一体化发展目标，着力推动京津冀农业产业协同发展。拓展外埠农业合作广度和深度，稳步提高鲜牛奶的控制能力。

**（2）强化质量监管，提高鲜牛奶合格率。**推进“安全农业”建设，深入实施农业标准化战略和“三品”认证全覆盖战略，强化鲜牛奶质量安全监管，提高质量安全水平。

建立食品安全全程可追溯体系。《北京技术创新行动计划（2014—2017年）》正式对外公布，指出为保障食品质量安全，将打造国产婴幼儿配方奶粉安全品牌，计划到2017年实现肉蛋奶等重点产业食品安全全程可追溯。开展安全婴幼儿配方奶粉研发与产业化，将打造国产婴幼儿配方奶粉安全品牌。为保证食品质量安全（包括奶制品）的检测监控，北京将建设食品安全检验检测服务平台，构建覆盖全面、链条完整的追溯体系；开展食品安全风险评估与预警新技术研发，推动食品安全风险评估防控体系建设；开发智能化、数字化快速检测试剂和设备；计划到2017年，实现肉蛋奶等重点产业食品安全全程可追溯。

**（3）给奶牛养殖提供保险。**为了保障北京市奶业的健康稳定发展，2013年，北京市颁发了《北京市2013年政策性农业保险统颁条款》，其中包含奶牛养殖保险。该项保险主要对养殖量在100头以上的奶牛场提供保障，保险条款内容主要是对自然灾害、意外事故、疾病引起的奶牛死亡或停产提供保障，该项政策为北京市奶牛养殖的平稳发展提供了可靠保障。2014年，北京市政策性农业保险工作协调小组办公室颁发了《北京市2014年政策性农业保险统颁条款（试行）》，条款规定了包括奶牛在内的详细细则，使得奶牛保险具有较强的操作性。

## 4.3 本章小结

我国奶业总体平稳发展，受到成本上涨、安全困扰等因素，散户及小规模养殖场盈利空间比大规模养殖场大幅缩小，散户和小规模养殖场发展空间将会越来越小。小农经济在奶牛养殖业将会逐渐退出，取而代之的是中大规模养殖场。随着我国对奶牛养殖户补贴力度加大，良种覆盖率将会进一步提升，大规模奶牛养殖场技术效率将会更具优势。

技术效率影响因素分析结果表明，奶牛疾病对于产量影响在全国范围内来看影响不大，且印证技术进步对于技术效率提升有促进作用。另外，由于奶价升高同时近期饲料价格增速放缓，养殖户利润空间扩大，新进入散户群体增多，但其技术水平无法于大规模成熟养殖户相比，造成技术效率降低及资源浪费存在。饲料产业链条整合有利于减少饲料成本，增加农户受益，进而提高生产效率。

各地区技术效率值比较表明，说明我国奶牛养殖业进步空间巨大，小规模养殖在全国层面作为主力军，已经整体摆脱低效、散乱局面。但大规模养殖未能充分利用其规模优势，和散户及小规模养殖户相比，养殖户未能充分利用其现有资源，盲目扩张，但经济效率未能跟上。

各产区技术效率值研究表明，东北内蒙古奶牛优势区、华北奶牛优势区在各大优势区间里最有优势，且散户和中大规模相比，技术效率较大。这是由于这些小规模整体上构成了原料奶生产主导，向大规模转变过程中遇到资金不足，技术准备不充分，配置效率无法发挥等。

# 各规模下投入要素产出弹性分析

本章在各规模下分别设定生产函数模型，其中散户 7 个主产省，小规模 14 个省，中规模 15 个省，大规模 14 个省。利用从 2007 年到 2012 年的样本数据，在求出各规模随机前沿生产函数形式下进一步计算比较各规模下各要素产出弹性。总结出各要素对于产出水平贡献值，进而为提高奶牛养殖业生产效率提供建议。在设定模型时，各模式数据进行分别计算，即四种模式出四种随机前沿生产函数形式，模型是指样本数据不同，具体形式不再讨论。

## 5.1 散养模式下投入要素产出弹性分析

从表 5-1 中可以看出，技术无效率值 $\gamma=0.89$，且在 5%显著水平下，$\gamma$ 显著，由此可以说明，散户奶牛养殖不具备技术效率，其 89%以上效率损失将是由技术非效率导致。和全国各规模总数据计算结果一致。在散户模式下，其影响技术效率因素主要是由疾病医治费用、死亡费用、牛奶价格等决定。在表 5-2 中，疾病医疗费用和技术效率呈正相关，但统计结果不显著，说明费用越高其技术效率越强这一结论没有意义。而死亡费用却和技术效率呈负相关，这一变量统计显著，表明奶牛死亡率越高将会导致其技术效率下降。$\delta_3$变量表示技术进步，技术进步对于技术效率提高有负向影响且效果显著。这一结论在散户模式下和理论看似相悖，但其有合理性空间。散户随着时间流逝将初步退出小规模养殖，其将退出奶牛养殖业。现存散户将多为新进对技术掌握不熟悉，导致散户规模技术效率下降。而变量 $\delta_4$、$\delta_5$ 其系数都 0，表明其不影响散户技术效率，这是由于当地牛奶产量比例和当地玉米等产量对微观个体影响较小，散户更加倾向于自给自足。

由于以超越对数生产函数基础的随机前沿生产函数反映了各投入要素之间关系，但由于其内在联系较为复杂，且对生产函数系数分析没有意义，本节通过各要素产出弹性替代参数估计结果。各投入要素产出弹性计算公式如下：

$$\varepsilon_L = \beta_0 + 2\beta_1 \ln L + \beta_2 \ln K + \beta_3 \ln C + \beta_4 \ln J + \beta_5 \mathrm{T}$$
$$\varepsilon_K = \beta_6 + \beta_7 \ln L + 2\beta_8 \ln K + \beta_3 \ln C + \beta_9 \ln J + \beta_{10} T$$
$$\varepsilon_J = \beta_{11} + \beta_{12} \ln L + \beta_{13} \ln K + \beta_{14} \ln C + 2\beta_{15} \ln J + \beta_{16} T$$
$$\varepsilon_C = \beta_{17} + \beta_{18} \ln L + \beta_{19} \ln K + 2\beta_{20} \ln C + \beta_{21} \ln J + \beta_{22} T$$

**表 5-1 随机前沿生产函数估计结果**

| 名称 | 系数 | 标准差 | T 值 | P 值 | 名称 | 系数 | 标准差 | T 值 | P 值 |
|---|---|---|---|---|---|---|---|---|---|
| beta 0 | 21.751 9 | 0.991 7 | 21.933 | 0.000 0 | beta11 | 0.393 9 | 0.435 3 | 0.905 | 0.368 9 |
| beta 1 | −0.337 7 | 0.886 3 | −0.381 | 0.704 5 | beta12 | 0.592 3 | 0.738 8 | 2.801 7 | 0.006 7 |
| beta 2 | −3.907 | 0.880 4 | −4.437 5 | 0.000 0 | beta13 | −0.942 8 | 0.611 4 | −1.541 9 | 0.128 1 |
| beta 3 | −0.972 6 | 0.832 1 | −1.168 8 | 0.246 9 | beta14 | −0.199 5 | 0.255 3 | −0.781 5 | 0.437 4 |
| beta 4 | 2.179 | 0.878 9 | 2.479 3 | 0.015 9 | beta15 | −0.382 9 | 0.627 3 | −0.610 4 | 0.543 8 |
| beta 5 | −0.192 9 | 0.815 6 | −2.236 5 | 0.028 9 | beta16 | 0.466 | 0.773 8 | 2.602 2 | 0.011 5 |
| beta 6 | 0.013 | 0.019 3 | 0.674 9 | 0.502 2 | beta17 | 0.170 1 | 0.416 3 | 0.408 6 | 0.684 2 |
| beta 7 | −0.100 6 | 0.150 1 | −2.670 2 | 0.009 6 | beta18 | 0.182 1 | 0.346 7 | 0.525 2 | 0.601 3 |
| beta 8 | −0.100 3 | 0.120 4 | −0.832 5 | 0.408 3 | beta19 | 0.169 6 | 0.311 6 | 0.544 3 | 0.588 2 |
| beta 9 | 0.100 4 | 0.102 7 | 2.077 9 | 0.041 8 | beta20 | −0.272 5 | 0.087 9 | −3.100 7 | 0.000 0 |
| beta10 | 0.102 7 | 0.051 9 | 1.979 3 | 0.052 2 | $\sigma^2$ | 0.001 3 | 0.000 3 | 4.478 | 0.000 0 |
| | | | | | $\gamma$ | 0.891 3 | 0.384 5 | 2.318 | 0.020 0 |
| 似然值 | 105.436 08 | | | | | | | | |
| 似然比 | 9.666 286 5 | | | | | | | | |

**表 5-2 影响技术效率因素估计结果**

| 名称 | 系数 | T 值 | 标准差 | P 值 |
|---|---|---|---|---|
| 常数项 | 0.071 8 | 2.091 2 | 0.787 6 | 0.040 5 |
| delta 1 | 0.000 4 | 0.000 2 | 1.864 9 | 0.803 9 |
| delta 2 | −0.001 6 | 2.000 6 | −2.644 | 0.049 7 |
| delta 3 | −0.000 2 | 5.000 7 | −0.287 | 0.000 0 |
| delta 4 | 0.003 5 | 2.017 6 | 0.2 | 0.047 9 |
| delta 5 | 0 | 2.000 2 | 0.075 6 | 0.049 8 |
| delta 6 | 0 | 0 | −0.445 | 1.000 0 |
| 似然值 | 105.436 08 | | | |
| 似然比 | 9.666 286 5 | | | |

在散户模式下，各投入要素产出弹性如表5-3，各年劳动投入产出弹性表示每增加一劳动单位可以增加产出比例。2007年时，劳动投入为负值，表示劳动投入会抑制产出，这印证了俗语：一个和尚打水喝，两个和尚抬水喝，三个和尚没水喝。这个阶段表示2007年劳动过剩，但是在2008年以后，情况大为改变。但是由于其弹性值较小，所以劳动投入对于增产影响程度较小。出现2007年现象主要原因是由于金融危机前夕，劳动过剩导致经济低迷。而散户模式下，固定投入却从2007年来一直为正值，说明固定投入值增加会提高产出，而且不难发现，散户模式下会出现大小年情况，即头一年带来产值高下一年势必减弱。由于散户个体对市场敏感度低，固定投入往往意味着退出和进入养殖业市场，所以大小年现象往往表现当年收益高低。过山车似的产出值也意味着农民收入经历过山车式变化，近六年来奶农收益变化正好印证这一结论。精饲料和粗饲料产出弹性正好相反，且粗饲料投入明显过剩。精饲料和粗饲料需要搭配喂养，但是散户由于缺乏一定技术指导，往往过多选择廉价粗饲料或自产饲料，造成牛奶产量低，蛋白质含量不足等危害。

**表5-3　散户模式下各投入要素产出弹性**

| 年份 | 劳动投入 | 固定投入 | 精饲料投入 | 粗饲料投入 |
|---|---|---|---|---|
| 2007 | −0.190 | 0.060 | 1.930 | −0.748 |
| 2008 | 0.011 | 0.10 | 1.890 | −0.721 |
| 2009 | 0.013 | 0.080 | 1.880 | −0.713 |
| 2010 | 0.113 | 0.100 | 1.800 | −0.744 |
| 2011 | 0.014 | 0.080 | 1.860 | −0.752 |
| 2012 | 0.115 | 0.130 | 1.840 | −0.793 |

## 5.2　小规模模式下投入要素产出弹性分析

小规模产出及影响因素和散户相差不大，本节不再做详细阐述。其中劳动投入要素对奶牛产出呈负向影响，即投入劳动力过多会导致产量降低。说明劳动过剩问题在小规模中同样存在，近几年，劳动投入弹性绝对值不断增加，说明劳动力过剩问题在小规模经营过程中尤为突出。小规模投入要素固定资产投入是提高奶牛产量最好方式之一，其弹性系数较略小，暴露出小规模经营中固定投入不足。近年固定投入弹性系数不断回升，这是由于技术进步是促进奶牛单产的有效途径，但是也暴露出小规模养殖户资金不足的问题。更改牛舍、引进现代化技术、工具购置等将能有效提高奶牛产量。精饲料投入和粗饲料投入有不同表现，其小规模养殖户精饲料投入更能有效提高单产，这是由于我国现阶段精饲料和粗料配比急需改进。和散户相比，其精饲料投入弹性较大，也许正是由于其规模较散户大，养殖技术更成熟，能更好运用饲养技术。粗饲料主要作用是能够保证奶牛正常反刍，并未奶牛提供能量，提供乳中脂肪含量，减少酮病和瘤胃酸中毒。但是粗饲料投入过多或质量过差会导致奶牛健康出问题，容易引起酸中毒，且干物质采食量降低，精饲料消化率降低，奶牛养殖效率低下等。所以粗饲料投入弹性呈负数且弹性绝对值随着规模变大不断减小。

表 5-4 小规模模式下各投入要素产出弹性

| 年份 | 劳动投入 | 固定投入 | 精饲料投入 | 粗饲料投入 |
|---|---|---|---|---|
| 2007 | −0.09 | 0.08 | 1.89 | −0.71 |
| 2008 | −0.11 | 0.07 | 1.89 | −0.7 |
| 2009 | −0.14 | 0.02 | 1.99 | −0.69 |
| 2010 | −0.15 | 0.03 | 1.9 | −0.7 |
| 2011 | −0.16 | 0.05 | 1.88 | −0.73 |
| 2012 | −0.18 | 0.06 | 1.87 | −0.74 |

## 5.3 中规模模式下投入要素产出弹性分析

因为中规模和大规模养殖户相差不大，且数据变量有限，所以将他们放一起进行统计分析。基于超越对数生产函数下随机前沿生产函数模型似然值 LR=118.152 43，结果表明模型统计结果具有意义，且 $\gamma$=0.324，表明中规模养殖户存在技术非效率，由于其小于 0.5 说明中规模及以技术非效率不明显。下一步将分析技术效率影响因素，中规模及以上养殖户受到医疗费用、死亡费用等增加都对其技术效率呈负向影响，但是医疗费用统计结果显著性为 0.053 7，其统计结果在显著水平 10%内显著。死亡费用统计结果在显著水平 10%下不显著，说明其对中大规模养殖户技术效率影响甚微。医疗费用在中大型养殖户颇具影响，这是由于其规模较大，因为某些细微因素造成奶牛集体感染，所以疾病防疫在中大规模养殖户技术效率上相比散户和小规模养殖户显得尤为重要。对于技术进步对技术效率呈现正向影响，统计结果显著，这说明中大规模养殖户对技术进步敏感程度明显要高于散户，因为中大规模养殖户倾向于公司化管理，对信息获取敏感，所以在奶业领域技术更新和进步最先刺激中大规模养殖户采纳新技术，进而推广到更小规模养殖户。牛奶价格对技术效率影响尤为重要，统计结果显著，这是由于价格越高中大规模更加倾向于提高奶牛单产和技术效率损失。相比散户而言，中大规模养殖户处在规模报酬递减拐点阶段，扩大规模对技术效率及产量影响减弱，所以中大规模养殖户更加倾向于利用现有资源、改善配置及技术利用率来提高单产。

**表 5-5　随机前沿生产函数估计结果**

| 名称 | 系数 | 标准差 | T值 | P值 | 名称 | 系数 | 标准差 | T值 | P值 |
|---|---|---|---|---|---|---|---|---|---|
| beta 0 | 16.348 | 0.997 2 | 16.394 5 | 0 | beta11 | 0.102 5 | 0.053 7 | 1.908 3 | 0.059 6 |
| beta 1 | −3.661 2 | 0.860 2 | −4.256 | 0.000 1 | beta12 | 0.454 7 | 0.093 8 | 4.846 9 | 0 |
| beta 2 | −5.026 3 | 0.962 1 | −5.224 5 | 0 | beta13 | 0.009 2 | 0.105 7 | 0.087 4 | 0.930 6 |
| beta 3 | 2.016 7 | 1.036 | 1.946 7 | 0.054 7 | beta14 | −0.162 1 | 0.085 5 | −1.895 9 | 0.061 2 |
| beta 4 | 3.353 2 | 0.894 2 | 3.750 1 | 0.000 3 | beta15 | 0.137 4 | 0.105 5 | 1.302 | 0.196 3 |
| beta 5 | 0.160 2 | 0.309 1 | 0.518 4 | 0.605 5 | beta16 | 0.301 6 | 0.222 7 | 1.354 5 | 0.179 |
| beta 6 | 0.009 4 | 0.005 6 | 1.678 1 | 0.096 8 | beta17 | −0.341 2 | 0.157 2 | −2.169 6 | 0.032 7 |
| beta 7 | −0.048 7 | 0.016 8 | −2.891 4 | 0.004 8 | beta18 | −0.165 5 | 0.139 7 | −1.184 4 | 0.239 4 |
| beta 8 | −0.092 8 | 0.022 6 | −4.097 7 | 0.000 1 | beta19 | −0.147 6 | 0.119 8 | −1.232 | 0.221 2 |
| beta 9 | 0.066 6 | 0.037 9 | 1.755 4 | 0.082 6 | beta20 | 0.108 8 | 0.056 5 | 1.923 7 | 0.057 6 |
| beta10 | 0.027 3 | 0.02 | 1.366 8 | 0.175 1 | $\sigma^2$ | 0.005 1 | 0.001 1 | 4.828 9 | 0 |
| | | | | | $\gamma$ | 0.324 | 0.111 8 | 2.898 5 | 0.004 7 |
| 似然值 | 118.152 43 | | | | | | | | |
| 似然比 | 30.001 369 | | | | | | | | |

**表 5-6　影响技术效率因素估计结果**

| 名称 | 系数 | T值 | 标准差 | P值 |
|---|---|---|---|---|
| 常数项 | −0.420 6 | −0.142 1 | −2.96 | 0.003 9 |
| delta 1 | −0.000 3 | −0.200 2 | −1.95 | 0.053 7 |
| delta 2 | −0.000 1 | −0.000 3 | −0.39 | 0.696 7 |
| delta 3 | 0.005 3 | 0.001 7 | 3.15 | 0.002 2 |
| delta 4 | 0.085 2 | 0.033 6 | 2.54 | 0.012 7 |
| delta 5 | 0 | 0.000 1 | 0.16 | 0.870 5 |
| delta 6 | 0 | 0 | −0.65 | 0.514 7 |
| 似然值 | 141.130 37 | | | |
| 似然比 | 19.415 013 | | | |

接下来对随机前沿模型分析之后将对中规模养殖户弹性进行分析，2007～2012年劳动投入生产弹性为负值，表明投入劳动量越多反而会影响中规模养殖户奶牛产量，但是随着经济发展，劳动力投入将会越来越弱，劳动投入弹性从−0.013减少到−0.017。固定资产投入生产弹性在2009年跌入谷底，但在2011和2012略有增加，这是由于2008年受到三聚氰胺事件影响，我国大力整顿奶业，使得中规模养殖户利润下滑，固定投入回报降低。精饲料投入弹性一直处于较高水平，精饲料产出弹性为1.99，说明增加饲料投入是提高单产的有效手段。结论与养殖经验相符，精饲料生产弹性最大，即投喂精料数量增加1个单位，奶牛的产奶量增长1.9个单位。中规模养殖户和散户及小规模相比，精饲料投入弹性较高，这是由于其技术效率水平明显高于散户及小规模养殖户更能有效利用饲料配比技术，且规模化养殖能够降低饲料成本，无形之中带来竞争力。粗饲料投入弹性绝对值随着养殖规模变大，其弹性不断减少，这是由于规模化养殖更能较好利用饲料，减少饲养过程中饲料损失和利用不当。

**表5-7　中规模模式下各投入要素产出弹性**

| 年份 | 劳动投入 | 固定投入 | 精饲料投入 | 粗饲料投入 |
|---|---|---|---|---|
| 2007 | −0.013 | 0.06 | 2 | −0.69 |
| 2008 | −0.014 | 0.06 | 1.97 | −0.69 |
| 2009 | −0.014 | 0.02 | 1.99 | −0.69 |
| 2010 | −0.016 | 0.04 | 1.98 | −0.7 |
| 2011 | −0.018 | 0.05 | 1.95 | −0.71 |
| 2012 | −0.017 | 0.05 | 1.99 | −0.72 |

## 5.4　大规模模式下投入要素产出弹性分析

大规模养殖户各要素弹性和其他三种规模比具有较大优势，其中劳动投入弹性较中规模及以下养殖户都具有绝对优势，这是由于其标准化生产使得人力资源配比达到较高水平。固定投入产出弹性和中规模及以下相比较小，这是由于其规模已基本达到最优配置，任何多余投入都将导致不升反降。精饲料投入弹性方面，大规模养殖户和中规模及以下相比同样具有优势，其弹性高于其他三种，说明其资源配置情况较其他三类都较为成熟。粗饲料投入弹性绝对值和其他三类相比也略有优势，这是由于养殖户对粗饲料投入配比较为科学，能够较好利用饲料来提高单产。

**表 5-8 大规模模式下各投入要素产出弹性**

| 年份 | 劳动投入 | 固定投入 | 精饲料投入 | 粗饲料投入 |
|---|---|---|---|---|
| 2007 | −0.011 | 0.05 | 2.07 | −0.67 |
| 2008 | −0.012 | 0.08 | 2.07 | −0.68 |
| 2009 | −0.014 | 0.02 | 2.09 | −0.67 |
| 2010 | −0.015 | 0.04 | 2.07 | −0.68 |
| 2011 | −0.016 | 0.02 | 2.1 | −0.69 |
| 2012 | −0.018 | 0.03 | 2.08 | −0.69 |

## 5.5 本章小结[①]

根据本章分析，具体来看主要有以下结论：

第一，劳动力产出弹性为负值，说明我国奶牛养殖户业整体近六年内劳动力是过度投入的。因此，奶牛养殖户既要精简多余的工作人员，降低生产的成本，又要注意提高在岗员工的技能培训、文化知识水平和人力资源管理水平，吸引更多的高层次人才。对于国家和地方政府，应当增加对广大奶牛场的科技和质量检验培训，逐步形成奶业协会、大中专院校、培训机构和地方服务站点等组成的综合性服务体系。

第二，精料、和固定资产的产出弹性都为正值，且精料产出弹性最大。说明当前迫切需要提高精饲料和青粗饲料的数量和质量，改变以往青粗饲料充饥的观念，进一步加强饲料技术的研发和科技推广。同时，作为技术与资本并重的奶牛养殖业，需要多方面拓宽融资渠道，解决设备购置与更新、圈舍改造、良种奶牛引进的过程中遇到的资金难题。对经营基础好、优质奶牛比例高、经营管理规范的奶牛场，可以考虑给予贷款担保、利息补贴等信贷支持。

第三，比较养殖规模弹性差异，发现随着养殖规模扩大，精饲料弹性值增加，而劳动力、固定资产和青粗饲料的弹性有所下降。表明当前散养和小规模饲养在劳动力质量、资金来源和青粗饲料调配技术三个方面处于相对劣势，这也应是当前政府对散养或小规模奶牛场扶持的重点方向。

第四，散户 $\gamma$ 值为 0.89，表示其生产效率损失中 89%都是由于技术非效率引起，而中规模仅有 0.32。散户和中大规模相比，技术非效率较高，表明散户在劳动力利用，饲料调配及卫生保健方面都和大规模差距甚大，引导散户向中大规模养殖户集中是提高技术效率的重要手段。

① 我国原料奶生产演变和全要素生产率研究

# 6 奶牛主产省各饲养规模生产优势分析

运用概率优势模型对我国牛奶主产省份在不同饲养规模水平下进行比较优势分析，并发现我国不同饲养规模奶牛生产成本趋势，不同主产省在不同饲养规模水平上比较优势不同，其比较优势主要受哪些具体自然因素和社会经济因素影响。中国奶牛养殖场（户）分布较为广泛，大部分省份都有涉及，但南方各省养殖户不管从数量占比还是产量占比都远低于北方。内蒙古、黑龙江、河北、河南、山东和陕西六省区奶牛存栏量占全国总量的57.45%以上，牛奶产量占全国总量的71.01%以上，是中国原料奶的主产区。近年来，随着国家“现代农业区域布局，加快建设优势农产品产业带”政策的出台，奶牛养殖业不断向内蒙古、黑龙江、河北和山东四省区集中。这四省区乳牛年末存栏量占全国的比重由2000年的45.84%提高到2008年的49.47%，牛奶产量占全国的比重由2000年的44.21%提高到2008年的58.29%。目前，我国奶牛养殖的区域分布是否合理，是否充分发挥了各区域的环境优势和资源禀赋优势是个值得深入研究的课题。

## 6.1 散养模式下各地区生产优势分析

根据可得散户数据，通过养殖场（户）数进行2008年和2012年对比。一级概率优势值（FSD）越大表示该地区越不具备优势。具体计算过程在第二章已做详细阐述，本部分不再描述。由表6-1和表6-2可知，新疆、陕西两地FSD值过百，且高于全国平均水平，表示该地区散户规模养殖成本不具优势。广西、山东两地数值较低，且低于全国水平，说明这两地区较具有优势，散户养殖优势在全国内优势较大。从数量和份额方面分析，全国散户养殖场（户）数明显降低800 000多户，存栏减少1 500 000多头，但产量仅降低200 000多吨。说明散户在全国范围内，生产效率及单产都稳步提高，且散户减少成为一种不可逆挡的趋势。值得指出的是，除了云南、河南、吉林三地，奶牛散户数量略有增加，其余各省全部减少，且减少幅度较大，如山东、江苏等地，降低了近三分之二。这是由于在2011—2012年，饲料价格上涨，原料奶价格基本停止，受到乳品加工企业压榨，大规模养殖户尚且缩小规模，散户养殖户境况堪忧，并导致2012年散户不断退出养殖，规模化进程加速。从散户产量来看，新疆占奶牛散户30%份额仅生产全国11%的牛奶，可见其生产效率低下，和FSD值高的原因。从产量趋势变化来看，2008年河北散户产奶量占到全国散户总产奶量的15.8%而到2012年却仅有3.82%。而黑龙江地区却从13.94%升高到24.19%。内蒙古和新疆对比，它们也发生同样变化。说明我国散户产奶量布局正在不断向黑龙江、新疆等传统较为低效奶业大省聚集。

**表6-1 部分地区散户优势比较**

| 地 区 | FSD | 散户养殖场（户）数 | | | |
| --- | --- | --- | --- | --- | --- |
| | | 2008年初 | | 2012年初 | |
| | | 数量（个） | 份额（%） | 数量（个） | 份额（%） |
| 全 国 | 99.14 | 2 455 490 | 100 | 1 651 826 | 100 |
| 山 西 | 97.25 | 74 694 | 3.04 | 39 052 | 2.36 |
| 吉 林 | 99.44 | 40 399 | 1.65 | 40 991 | 2.48 |
| 山 东 | 96.10 | 95 175 | 3.88 | 33 294 | 2.02 |
| 河 南 | 98.51 | 47 734 | 1.94 | 71 979 | 4.36 |
| 广 西 | 95.59 | 578 | 0.02 | 187 | 0.01 |
| 陕 西 | 101.42 | 165 156 | 6.73 | 116 637 | 7.06 |
| 新 疆 | 100.19 | 624 126 | 25.42 | 580 161 | 35.12 |

数据来源：根据《2012年中国奶业年鉴》《全国农产品成本收益汇编》整理。

## 6.2 小规模模式下各地区生产优势分析

小规模养殖户全国平均一级概率优势值（FSD）为99.48略高于散户，表明小规模养殖户还不具备散户模式那种成本优势。2008年和2012年相比，小规模养殖场（户）数量由191 185户增长到515 593户，增加一倍多。最具成本优势地区属于非奶牛主产区的福建省，其FSD为90.06，而宁夏则为103.87是各地区中最高的。宁夏地区奶牛小规模养殖户也扩张了两倍多，说明宁夏小规模奶牛养殖户处于粗放式增长阶段。2012年，宁夏奶牛存栏49.8万头，鲜奶总产量146万吨，均居全国第9位。比上年同期分别增长7.10%和8.15%，分别占全国的3.3%和3.9%，已成为国内重要的优质奶源基地之一。母牛年均单产6 700千克，人均鲜奶占有量234千克，分别居全国第4和第2位。宁夏地区和其他奶牛优势主产区相比，资源相对匮乏，奶牛养殖场面临着资源与环境双重约束。小规模养殖户对草原作物压力较大，奶牛生产粪污污染等对生态环保压力也日益加大。如何改变宁夏现阶段粗放式增长现状，是当地需要解决的深刻命题。对于河北地区，2008年小规模养殖户占到全国小规

**表 6-2 散户养殖情况趋势比较**

| 地区 | 散户养殖场（户）数 | | | | 散户年存栏数 | | | | 散户年产量 | | | |
|---|---|---|---|---|---|---|---|---|---|---|---|---|
| | 2008 年初 | | 2012 年初 | | 2008 年初 | | 2012 年初 | | 2008 年初 | | 2012 年初 | |
| | 数量（个） | 份额（%） | 数量（个） | 份额（%） | 存栏数（头） | 份额（%） | 存栏数（头） | 份额（%） | 产量（吨） | 份额（%） | 产量（吨） | 份额（%） |
| 全国 | 2 455 490 | 100 | 1 651 826 | 100 | 7 981 420 | 100 | 6 449 398 | 100 | 13 356 502 | 100 | 13 189 012 | 100 |
| 北京 | 4 608 | 0.19 | 964 | 0.06 | 20 527 | 0.26 | 7 886 | 0.12 | 56 745 | 0.42 | 25 689 | 0.19 |
| 天津 | 1 083 | 0.04 | 698 | 0.04 | 5 173 | 0.06 | 4 658 | 0.07 | 32 011 | 0.24 | 19 320 | 0.15 |
| 河北 | 419 663 | 17.09 | 36 087 | 2.18 | 1 402 400 | 17.57 | 162 058 | 2.51 | 2 110 562 | 15.80 | 503 505 | 3.82 |
| 山西 | 74 694 | 3.04 | 39 052 | 2.36 | 246 907 | 3.09 | 181 288 | 2.81 | 498 528 | 3.73 | 439 016 | 3.33 |
| 内蒙古 | 477 743 | 19.46 | 242 782 | 14.70 | 1 843 737 | 23.10 | 964 826 | 14.96 | 3 224 506 | 24.14 | 2 836 803 | 21.51 |
| 辽宁 | 28 659 | 1.17 | 15 417 | 0.93 | 92 588 | 1.16 | 91 674 | 1.42 | 348 972 | 2.61 | 310 854 | 2.36 |
| 吉林 | 40 399 | 1.65 | 40 991 | 2.48 | 120 417 | 1.51 | 176 934 | 2.74 | 337 273 | 2.53 | 429 812 | 3.26 |
| 黑龙江 | 250 970 | 10.22 | 204 214 | 12.36 | 984 275 | 12.33 | 1 246 288 | 19.32 | 1 862 486 | 13.94 | 3 190 819 | 24.19 |
| 江苏 | 4 281 | 0.17 | 281 | 0.02 | 18 564 | 0.23 | 4 859 | 0.08 | 41 161 | 0.31 | 15 413 | 0.12 |
| 浙江 | 2 736 | 0.11 | 1 037 | 0.06 | 9 906 | 0.12 | 6 199 | 0.10 | 29 441 | 0.22 | 17 482 | 0.13 |
| 安徽 | 3 103 | 0.13 | 745 | 0.05 | 8 648 | 0.11 | 4 152 | 0.06 | 13 440 | 0.10 | 13 355 | 0.10 |
| 福建 | 3 628 | 0.15 | 1 933 | 0.12 | 12 482 | 0.16 | 7 323 | 0.11 | 35 229 | 0.26 | 22 199 | 0.17 |
| 江西 | 2 882 | 0.12 | 261 | 0.02 | 7 753 | 0.10 | 2 791 | 0.04 | 7 794 | 0.06 | 9 520 | 0.07 |
| 山东 | 95 175 | 3.88 | 33 294 | 2.02 | 381 717 | 4.78 | 213 054 | 3.30 | 981 203 | 7.35 | 662 246 | 5.02 |

（续）

| 地区 | 散户养殖场（户）数 | | | | 散户年存栏数 | | | | 散户年产量 | | | |
|---|---|---|---|---|---|---|---|---|---|---|---|---|
| | 2008年初 | | 2012年初 | | 2008年初 | | 2012年初 | | 2008年初 | | 2012年初 | |
| | 数量（个） | 份额（%） | 数量（个） | 份额（%） | 存栏数（头） | 份额（%） | 存栏数（头） | 份额（%） | 产量（吨） | 份额（%） | 产量（吨） | 份额（%） |
| 河南 | 47 734 | 1.94 | 71 979 | 4.36 | 158 070 | 1.98 | 233 853 | 3.63 | 540 297 | 4.05 | 775 961 | 5.88 |
| 湖北 | 3 160 | 0.13 | 1 170 | 0.07 | 5 032 | 0.06 | 3 848 | 0.06 | 10 366 | 0.08 | 13 020 | 0.10 |
| 湖南 | 3 485 | 0.14 | 1 441 | 0.09 | 20 354 | 0.26 | 14 423 | 0.22 | 44 528 | 0.33 | 39 797 | 0.30 |
| 广东 | 2 307 | 0.09 | 981 | 0.06 | 5 862 | 0.07 | 3 309 | 0.05 | 3 756 | 0.03 | 4 530 | 0.03 |
| 广西 | 578 | 0.02 | 187 | 0.01 | 2 193 | 0.03 | 1 217 | 0.02 | 4 841 | 0.04 | 3 035 | 0.02 |
| 重庆 | 3 786 | 0.15 | 939 | 0.06 | 11 885 | 0.15 | 3 967 | 0.06 | 33 427 | 0.25 | 14 558 | 0.11 |
| 四川 | 41 510 | 1.69 | 20 073 | 1.22 | 128 042 | 1.60 | 75 286 | 1.17 | 255 996 | 1.92 | 184 202 | 1.40 |
| 贵州 | 1 389 | 0.06 | 250 | 0.02 | 5 805 | 0.07 | 1 432 | 0.02 | 15 457 | 0.12 | 3 564 | 0.03 |
| 云南 | 52 276 | 2.13 | 64 878 | 3.93 | 137 444 | 1.72 | 160 280 | 2.49 | 364 736 | 2.73 | 474 628 | 3.60 |
| 西藏 | 0 | 0.00 | 58 640 | 3.55 | 0 | 0.00 | 221 772 | 3.44 | 21 962 | 0.16 | 165 887 | 1.26 |
| 陕西 | 165 156 | 6.73 | 116 637 | 7.06 | 440 880 | 5.52 | 380 756 | 5.90 | 986 514 | 7.39 | 1 001 788 | 7.60 |
| 甘肃 | 33 417 | 1.36 | 21 683 | 1.31 | 90 886 | 1.14 | 93 017 | 1.44 | 125 882 | 0.94 | 118 092 | 0.90 |
| 青海 | 36 954 | 1.50 | 90 742 | 5.49 | 80 404 | 1.01 | 198 736 | 3.08 | 126 985 | 0.95 | 147 609 | 1.12 |
| 宁夏 | 29 986 | 1.22 | 4 309 | 0.26 | 147 346 | 1.85 | 64 573 | 1.00 | 160 776 | 1.20 | 182 334 | 1.38 |
| 新疆 | 624 126 | 25.42 | 580 161 | 35.12 | 1 592 115 | 19.95 | 1 918 939 | 29.75 | 1 081 627 | 8.10 | 1 563 974 | 11.86 |

数据来源：根据《2012年中国奶业年鉴》《全国农产品成本收益汇编》整理。

模总养殖户 18.28%，而 2012 年却仅占到 4.43%。在所有省份中，天津、河北是为数不多的小规模养殖户数量下降的省份之一。究其原因，河北地区 2012 年全省奶牛规模化养殖率已实现 100%，并有七十多家企业若获标准化示范场。河北省通过鼓励资金投入，不断买断小规模养殖户，逐步取消小区内散户，积极过渡到真正牧场。河北省散户缩水也将近 80%以上，而其大规模养殖户却增加了 500%。一级概率优势值排在第二位的是辽宁（92.56%），其养殖户数增长了一倍，在其具有成本优势情况下能够增加小规模养殖户数，有助于辽宁地区小规模养殖户形成，并能够间接证明其属于优势聚集型扩张。

从存栏量来看，虽然北京地区小规模养殖户数略有增加，但是其存栏量却大幅减少，规模缩小近一半左右。河北地区虽然小规模养殖户减少 30%，但是存栏量却减少将近一半以上。内蒙古小规模养殖户增加近 3 倍，但是其小规模存栏量却和 2008 年持平，牛奶产量也略有增长。表明小规模养殖户退出流动性变大，部分养殖户大幅降低奶牛存栏，意图退出养殖业。而四川 2012 年存栏量比 2008 年提高近一倍，而小规模也同规模增加，其养殖意向明显高于内蒙古，甚至向大规模转变速率高于部分主产省份。由于小规模养殖是中等规模养殖的前期阶段，所以养殖效益明显高于散户养殖效益。2008 年内蒙古每头奶牛净利润为 1 443.61 元，高于散户养殖奶牛的 757.72 元，但是与四川等省相比，每头奶牛的效益明显较低。同期，四川平均每头奶牛产量、净利润分别为 6 187.00 千克、10 157.11 元，是内蒙古的 1.263 倍和 7.038 倍。

**表 6-3 部分地区小规模养殖户优势比较**

| 地 区 | FSD | 小规模养殖场（户）数 | | | |
|---|---|---|---|---|---|
| | | 2008 年初 | | 2012 年初 | |
| | | 数量（个） | 份额（%） | 数量（个） | 份额（%） |
| 全 国 | 99.48 | 191 185 | 100 | 515 593 | 100 |
| 天 津 | 94.94 | 2 315 | 1.21 | 1 805 | 0.35 |
| 河 北 | 96.34 | 34 942 | 18.28 | 22 832 | 4.43 |
| 山 西 | 99.84 | 4 043 | 2.11 | 13 735 | 2.66 |
| 内蒙古 | 100.96 | 32 307 | 16.90 | 93 518 | 18.14 |
| 辽 宁 | 92.56 | 6 093 | 3.19 | 14 027 | 2.72 |
| 吉 林 | 101.67 | 3 909 | 2.04 | 17 331 | 3.36 |
| 黑龙江 | 100.97 | 29 657 | 15.51 | 138 470 | 26.86 |
| 福 建 | 90.06 | 251 | 0.13 | 660 | 0.13 |
| 山 东 | 98.41 | 17 414 | 9.11 | 33 067 | 6.41 |
| 河 南 | 99.37 | 7 178 | 3.75 | 12 181 | 2.36 |
| 湖 南 | 100.94 | 222 | 0.12 | 1 789 | 0.35 |
| 广 西 | 99.00 | 171 | 0.09 | 267 | 0.05 |
| 云 南 | 98.53 | 931 | 0.49 | 3 300 | 0.64 |
| 宁 夏 | 103.87 | 5 417 | 2.83 | 15 592 | 3.02 |

数据来源：根据《2012 年中国奶业年鉴》《全国农产品成本收益汇编》整理。

表 6-4　小规模养殖情况趋势比较

| 地区 | 小规模养殖场（户）数 | | | | 小规模年存栏数 | | | | 小规模年产量 | | | |
|---|---|---|---|---|---|---|---|---|---|---|---|---|
| | 2008年初 | | 2012年初 | | 2008年初 | | 2012年初 | | 2008年初 | | 2012年初 | |
| | 数量（个） | 份额（%） | 数量（个） | 份额（%） | 存栏数（头） | 份额（%） | 存栏数（头） | 份额（%） | 产量（吨） | 份额（%） | 产量（吨） | 份额（%） |
| 全国 | 191 185 | 100 | 515 593 | 100 | 3 578 169 | 100 | 3 903 483 | 100 | 8 816 363 | 100 | 10 569 344 | 100 |
| 北京 | 1 139 | 0.60 | 1 438 | 0.28 | 22 057 | 0.62 | 11 276 | 0.29 | 76 427 | 0.87 | 35 765 | 0.34 |
| 天津 | 2 315 | 1.21 | 1 805 | 0.35 | 50 473 | 1.41 | 39 670 | 1.02 | 113 260 | 1.28 | 140 918 | 1.33 |
| 河北 | 34 942 | 18.28 | 22 832 | 4.43 | 646 727 | 18.07 | 377 754 | 9.68 | 1 479 179 | 16.78 | 1 095 327 | 10.36 |
| 山西 | 4 043 | 2.11 | 13 735 | 2.66 | 72 360 | 2.02 | 66 560 | 1.71 | 174 820 | 1.98 | 188 502 | 1.78 |
| 内蒙古 | 32 307 | 16.90 | 93 518 | 18.14 | 566 888 | 15.84 | 549 652 | 14.08 | 1 155 988 | 13.11 | 1 922 526 | 18.19 |
| 辽宁 | 6 093 | 3.19 | 14 027 | 2.72 | 110 625 | 3.09 | 144 535 | 3.70 | 401 903 | 4.56 | 527 605 | 4.99 |
| 吉林 | 3 909 | 2.04 | 17 331 | 3.36 | 56 983 | 1.59 | 164 100 | 4.20 | 243 297 | 2.76 | 399 877 | 3.78 |
| 黑龙江 | 29 657 | 15.51 | 138 470 | 26.86 | 618 082 | 17.27 | 1 040 269 | 26.65 | 1 866 939 | 21.18 | 2 846 418 | 26.93 |
| 江苏 | 2 220 | 1.16 | 1 529 | 0.30 | 46 778 | 1.31 | 23 281 | 0.60 | 131 018 | 1.49 | 84 519 | 0.80 |
| 浙江 | 749 | 0.39 | 1 175 | 0.23 | 15 121 | 0.42 | 13 482 | 0.35 | 47 696 | 0.54 | 39 073 | 0.37 |
| 安徽 | 497 | 0.26 | 598 | 0.12 | 10 121 | 0.28 | 6 348 | 0.16 | 23 891 | 0.27 | 21 233 | 0.20 |
| 福建 | 251 | 0.13 | 660 | 0.13 | 4 053 | 0.11 | 3 610 | 0.09 | 14 925 | 0.17 | 11 674 | 0.11 |
| 江西 | 525 | 0.27 | 761 | 0.15 | 12 803 | 0.36 | 11 370 | 0.29 | 71 533 | 0.81 | 41 089 | 0.39 |
| 山东 | 17 414 | 9.11 | 33 067 | 6.41 | 346 579 | 9.69 | 340 405 | 8.72 | 1 030 321 | 11.69 | 1 073 553 | 10.16 |

（续）

| 地区 | 小规模养殖场（户）数 | | | | 小规模年存栏数 | | | | 小规模年产量 | | | |
|---|---|---|---|---|---|---|---|---|---|---|---|---|
| | 2008年初 | | 2012年初 | | 2008年初 | | 2012年初 | | 2008年初 | | 2012年初 | |
| | 数量（个） | 份额（%） | 数量（个） | 份额（%） | 存栏数（头） | 份额（%） | 存栏数（头） | 份额（%） | 产量（吨） | 份额（%） | 产量（吨） | 份额（%） |
| 河南 | 7 178 | 3.75 | 12 181 | 2.36 | 132 849 | 3.71 | 125 168 | 3.21 | 510 317 | 5.79 | 481 666 | 4.56 |
| 湖北 | 576 | 0.30 | 214 | 0.04 | 13 318 | 0.37 | 3 749 | 0.10 | 54 032 | 0.61 | 16 208 | 0.15 |
| 湖南 | 222 | 0.12 | 1 789 | 0.35 | 4 943 | 0.14 | 6 519 | 0.17 | 13 977 | 0.16 | 16 001 | 0.15 |
| 广东 | 211 | 0.11 | 218 | 0.04 | 4 941 | 0.14 | 2 944 | 0.08 | 10 480 | 0.12 | 8 617 | 0.08 |
| 广西 | 171 | 0.09 | 267 | 0.05 | 3 403 | 0.10 | 3 224 | 0.08 | 8 010 | 0.09 | 10 426 | 0.10 |
| 重庆 | 516 | 0.27 | 450 | 0.09 | 8 626 | 0.24 | 4 213 | 0.11 | 23 113 | 0.26 | 16 284 | 0.15 |
| 四川 | 2 281 | 1.19 | 6 326 | 1.23 | 36 818 | 1.03 | 50 389 | 1.29 | 112 086 | 1.27 | 169 521 | 1.60 |
| 贵州 | 107 | 0.06 | 123 | 0.02 | 2 239 | 0.06 | 388 | 0.01 | 8 670 | 0.10 | 1 170 | 0.01 |
| 云南 | 931 | 0.49 | 3 300 | 0.64 | 15 727 | 0.44 | 18 884 | 0.48 | 57 361 | 0.65 | 52 282 | 0.49 |
| 西藏 | 0 | 0.00 | 4 872 | 0.94 | 0 | 0.00 | 473 | 0.01 | 3 646 | 0.04 | 717 | 0.01 |
| 陕西 | 3 871 | 2.02 | 15 696 | 3.04 | 78 246 | 2.19 | 88 175 | 2.26 | 148 181 | 1.68 | 235 746 | 2.23 |
| 甘肃 | 3 159 | 1.65 | 8 439 | 1.64 | 46 692 | 1.30 | 51 126 | 1.31 | 84 659 | 0.96 | 76 988 | 0.73 |
| 青海 | 7 041 | 3.68 | 2 118 | 0.41 | 76 199 | 2.13 | 6 705 | 0.17 | 5 494 | 0.06 | 11 559 | 0.11 |
| 宁夏 | 5 417 | 2.83 | 15 592 | 3.02 | 100 011 | 2.80 | 154 279 | 3.95 | 413 063 | 4.69 | 465 392 | 4.40 |
| 新疆 | 23 439 | 12.26 | 103 062 | 19.99 | 474 378 | 13.26 | 594 935 | 15.24 | 532 077 | 6.04 | 578 688 | 5.48 |

数据来源：根据《2012年中国奶业年鉴》《全国农产品成本收益汇编》整理。

## 6.3 中规模模式下各地区生产优势分析

由表6-5可知，黑龙江、宁夏、吉林、上海、内蒙古、山西、安徽、天津、北京、甘肃十个地区的FSD值高于全国平均水平，说明这十个地区不宜进行中规模养殖奶牛，从成本角度来看不具备优势。而福建、河南、陕西、重庆四省市相对具备中规模养殖成本优势。另外，内蒙古、黑龙江、河南、陕西的中规模养殖场自2008年到2012年有明显增量，表明这些省份的奶牛产业实行粗放式发展，导致资源利用率降低，生产效率提升幅度小。如表6-6所示，2012年，全国的中规模奶牛养殖场（户）数较2008年增长了35.3%，奶牛年存栏数增长了50.0%，年产量增长了48.6%。中规模养殖奶牛是一种普遍采取的发展方式，尤其是内蒙古中规模奶牛养殖的发展最快。2012年中规模养殖场数（户）及奶牛存栏数是2008年的2.2倍之多，2012年的产量则是2008年的2.5倍。此外，黑龙江和山东两省的中规模养殖场（户）数明显增加，但在全国所占份额变动不大。

表6-5 部分地区中规模养殖户优势比较

| 地区 | FSD | 中规模养殖场（户）数 | | | |
|---|---|---|---|---|---|
| | | 2008年初 | | 2012年初 | |
| | | 数量（个） | 份额（%） | 数量（个） | 份额（%） |
| 全国 | 88.948 | 20 932 | 100 | 28 319 | 100 |
| 北京 | 102.7 | 370 | 1.77 | 299 | 1.06 |
| 天津 | 98.937 | 455 | 2.17 | 232 | 0.82 |
| 山西 | 93.266 | 448 | 2.14 | 670 | 2.37 |
| 内蒙古 | 91.749 | 3 696 | 17.66 | 8 271 | 29.21 |
| 吉林 | 90.264 | 384 | 1.83 | 1 081 | 3.82 |
| 黑龙江 | 90.025 | 2 058 | 9.83 | 4 124 | 14.56 |
| 上海 | 91.318 | 89 | 0.43 | 74 | 0.26 |
| 安徽 | 95.349 | 98 | 0.47 | 194 | 0.69 |
| 福建 | 85.839 | 21 | 0.10 | 16 | 0.06 |
| 河南 | 87.482 | 934 | 4.46 | 1 147 | 4.05 |
| 重庆 | 88.446 | 22 | 0.11 | 39 | 0.14 |
| 陕西 | 87.664 | 546 | 2.61 | 1 179 | 4.16 |
| 甘肃 | 106.93 | 245 | 1.17 | 284 | 1.00 |
| 宁夏 | 90.831 | 440 | 2.10 | 546 | 1.93 |

数据来源：根据《2012年中国奶业年鉴》《全国农产品成本收益汇编》整理。

表 6-6　中规模养殖情况趋势比较

| 地　区 | 中规模养殖场（户）数 | | | | 中规模年存栏数 | | | | 中规模年产量 | | | |
|---|---|---|---|---|---|---|---|---|---|---|---|---|
| | 2008 年初 | | 2012 年初 | | 2008 年初 | | 2012 年初 | | 2008 年初 | | 2012 年初 | |
| | 数量（个） | 份额（%） | 数量（个） | 份额（%） | 存栏数（头） | 份额（%） | 存栏数（头） | 份额（%） | 产量（吨） | 份额（%） | 产量（吨） | 份额（%） |
| 全　国 | 20 932 | 100 | 28 319 | 100 | 2 284 254 | 100 | 3 427 217 | 100 | 7 237 580 | | 10 755 023 | 100 |
| 北　京 | 370 | 1.77 | 299 | 1.06 | 56 532 | 2.47 | 52 034 | 1.52 | 218 667 | 3.02 | 193 639 | 1.80 |
| 天　津 | 455 | 2.17 | 232 | 0.82 | 49 189 | 2.15 | 26 338 | 0.77 | 219 233 | 3.03 | 120 064 | 1.12 |
| 河　北 | 3 570 | 17.06 | 2 681 | 9.47 | 382 837 | 16.76 | 350 976 | 10.24 | 937 079 | 12.95 | 1 039 943 | 9.67 |
| 山　西 | 448 | 2.14 | 670 | 2.37 | 53 106 | 2.32 | 103 969 | 3.03 | 189 829 | 2.62 | 280 608 | 2.61 |
| 内蒙古 | 3 696 | 17.66 | 8 271 | 29.21 | 381 842 | 16.72 | 855 215 | 24.95 | 1 202 499 | 16.61 | 3 022 725 | 28.11 |
| 辽　宁 | 673 | 3.22 | 891 | 3.15 | 54 046 | 2.37 | 117 509 | 3.43 | 252 653 | 3.49 | 440 171 | 4.09 |
| 吉　林 | 384 | 1.83 | 1 081 | 3.82 | 27 372 | 1.20 | 143 041 | 4.17 | 125 366 | 1.73 | 332 452 | 3.09 |
| 黑龙江 | 2 058 | 9.83 | 4 124 | 14.56 | 262 410 | 11.49 | 433 772 | 12.66 | 645 579 | 8.92 | 1 208 844 | 11.24 |
| 江　苏 | 472 | 2.25 | 315 | 1.11 | 65 015 | 2.85 | 59 052 | 1.72 | 269 789 | 3.73 | 223 116 | 2.07 |
| 浙　江 | 186 | 0.89 | 209 | 0.74 | 25 294 | 1.11 | 25 285 | 0.74 | 78 955 | 1.09 | 77 004 | 0.72 |
| 安　徽 | 98 | 0.47 | 194 | 0.69 | 13 466 | 0.59 | 28 100 | 0.82 | 57 250 | 0.79 | 79 795 | 0.74 |
| 福　建 | 21 | 0.10 | 16 | 0.06 | 3 735 | 0.16 | 3 297 | 0.10 | 12 095 | 0.17 | 10 110 | 0.09 |
| 江　西 | 99 | 0.47 | 107 | 0.38 | 9 487 | 0.42 | 11 937 | 0.35 | 64 563 | 0.89 | 41 176 | 0.38 |
| 山　东 | 2 481 | 11.85 | 3 235 | 11.42 | 278 838 | 12.21 | 408 419 | 11.92 | 995 121 | 13.75 | 1 347 633 | 12.53 |

（续）

| 地区 | 中规模养殖场（户）数 | | | | 中规模年存栏数 | | | | 中规模年产量 | | | |
|---|---|---|---|---|---|---|---|---|---|---|---|---|
| | 2008年初 | | 2012年初 | | 2008年初 | | 2012年初 | | 2008年初 | | 2012年初 | |
| | 数量（个） | 份额（%） | 数量（个） | 份额（%） | 存栏数（头） | 份额（%） | 存栏数（头） | 份额（%） | 产量（吨） | 份额（%） | 产量（吨） | 份额（%） |
| 河南 | 934 | 4.46 | 1 147 | 4.05 | 135 795 | 5.94 | 175 098 | 5.11 | 781 201 | 10.79 | 698 854 | 6.50 |
| 湖北 | 134 | 0.64 | 87 | 0.31 | 15 446 | 0.68 | 11 186 | 0.33 | 66 180 | 0.91 | 43 135 | 0.40 |
| 湖南 | 53 | 0.25 | 31 | 0.11 | 8 426 | 0.37 | 3 389 | 0.10 | 14 221 | 0.20 | 8 204 | 0.08 |
| 广东 | 121 | 0.58 | 150 | 0.53 | 15 157 | 0.66 | 16 924 | 0.49 | 42 989 | 0.59 | 52 218 | 0.49 |
| 广西 | 33 | 0.16 | 33 | 0.12 | 6 979 | 0.31 | 8 094 | 0.24 | 34 579 | 0.48 | 34 623 | 0.32 |
| 重庆 | 22 | 0.11 | 39 | 0.14 | 2 005 | 0.09 | 5 159 | 0.15 | 8 591 | 0.12 | 17 263 | 0.16 |
| 四川 | 219 | 1.05 | 275 | 0.97 | 26 800 | 1.17 | 36 596 | 1.07 | 73 020 | 1.01 | 114 840 | 1.07 |
| 贵州 | 14 | 0.07 | 11 | 0.04 | 1 970 | 0.09 | 2 891 | 0.08 | 7 017 | 0.10 | 9 626 | 0.09 |
| 云南 | 108 | 0.52 | 112 | 0.40 | 12 844 | 0.56 | 13 159 | 0.38 | 26 232 | 0.36 | 41 375 | 0.38 |
| 西藏 | 0 | 0.00 | 5 | 0.02 | 0 | 0.00 | 762 | 0.02 | 3 919 | 0.05 | 1 180 | 0.01 |
| 陕西 | 546 | 2.61 | 1 179 | 4.16 | 75 293 | 3.30 | 187 042 | 5.46 | 331 411 | 4.58 | 545 724 | 5.07 |
| 甘肃 | 245 | 1.17 | 284 | 1.00 | 24 165 | 1.06 | 33 030 | 0.96 | 64 637 | 0.89 | 58 557 | 0.54 |
| 青海 | 1 235 | 5.90 | 49 | 0.17 | 61 997 | 2.71 | 7 652 | 0.22 | 4 431 | 0.06 | 19 024 | 0.18 |
| 宁夏 | 440 | 2.10 | 546 | 1.93 | 49 185 | 2.15 | 81 203 | 2.37 | 190 852 | 2.64 | 257 487 | 2.39 |
| 新疆 | 1 726 | 8.25 | 1 971 | 6.96 | 163 219 | 7.15 | 206 548 | 6.03 | 241 645 | 3.34 | 365 985 | 3.40 |

数据来源：根据《2012年中国奶业年鉴》《全国农产品成本收益汇编》整理。

## 6.4 大规模模式下各地区生产优势分析

由表 6-7 和表 6-8 可知，青海、黑龙江、新疆、安徽、甘肃、湖北几个地方的 FSD 值均超过全国平均水平，说明这些地方进行大规模养殖奶牛成本不具有优势。江苏、河南、广东、山东、浙江、辽宁几个地区的 FSD 值低于全国平均水平，即这些地区大规模养殖成本的优势较明显。自 2008 年至 2012 年，全国范围内的大规模养殖场（户）增加了近 2 000 个，年存栏数增加了 250.8 万头，年产量增加了 750.1 万吨。表明奶牛养殖的模式逐步转变为大规模养殖。各省市大规模养殖趋势有升有降，其中，河北省的增幅最为明显。养殖场（户）数在全国所占份额增加了 14.63%，2012 年年存栏数较 2008 年翻了四番，年产量增加了 2.6 倍之多。这主要是由于政府对养殖小区、大规模养殖模式的引导与鼓励。自 2008 年，对坝上、山区提倡发展 300 头左右的规模养殖场（区），平原区提倡发展 500 头以上的规模养殖场（区）。河北省对扩建、新建规模养殖场（区）给予支持，现有规模养殖场（区）扩建，每增容 1 头奶牛给予 300 元补贴；对新建存栏 300 头以上的奶牛养殖场（区），按设计容量每头奶牛补贴 350 元。有关市、县（市、区）也要安排资金予以支持。

**表 6-7 部分地区大规模养殖户优势比较**

| 地　区 | FSD | 大规模养殖场（户）数 | | | |
|---|---|---|---|---|---|
| | | 2008 年初 | | 2012 年初 | |
| | | 数量（个） | 份额（%） | 数量（个） | 份额（%） |
| 全　国 | 100.113 6 | 1107 | 100 | 3 103 | 100 |
| 辽　宁 | 99.877 1 | 37 | 3.34 | 88 | 2.84 |
| 黑龙江 | 101.636 1 | 43 | 3.88 | 108 | 3.48 |
| 江　苏 | 95.543 6 | 60 | 5.42 | 95 | 3.06 |
| 浙　江 | 99.533 1 | 20 | 1.81 | 25 | 0.81 |
| 安　徽 | 101.186 9 | 19 | 1.72 | 27 | 0.87 |
| 山　东 | 98.182 | 133 | 12.01 | 398 | 12.83 |
| 河　南 | 96.723 9 | 129 | 11.65 | 314 | 10.12 |
| 湖　北 | 100.549 | 20 | 1.81 | 41 | 1.32 |
| 广　东 | 97.383 2 | 23 | 2.08 | 22 | 0.71 |
| 甘　肃 | 100.612 7 | 9 | 0.81 | 29 | 0.93 |
| 青　海 | 105.745 9 | 1 | 0.09 | 4 | 0.13 |
| 新　疆 | 101.330 8 | 33 | 2.98 | 97 | 3.13 |

数据来源：根据《2012 年中国奶业年鉴》《全国农产品成本收益汇编》整理。

**表 6-8 大规模养殖情况趋势比较**

| 地区 | 大规模养殖场（户）数 | | | | 大规模年存栏数 | | | | 大规模年产量 | | | |
|---|---|---|---|---|---|---|---|---|---|---|---|---|
| | 2008 年初 | | 2012 年初 | | 2008 年初 | | 2012 年初 | | 2008 年初 | | 2012 年初 | |
| | 数量（个） | 份额（%） | 数量（个） | 份额（%） | 存栏数（头） | 份额（%） | 存栏数（头） | 份额（%） | 产量（吨） | 份额（%） | 产量（吨） | 份额（%） |
| 全 国 | 1 107 | 100 | 3 103 | 100 | 1 113 676 | 100 | 3 621 417 | 100 | 5 160 576 | 100 | 12 681 289 | 100 |
| 北 京 | 72 | 6.50 | 68 | 2.19 | 63 867 | 5.73 | 79 462 | 2.19 | 313 712 | 6.08 | 384 665 | 3.03 |
| 天 津 | 65 | 5.87 | 76 | 2.45 | 63 882 | 5.74 | 69 427 | 1.92 | 261 915 | 5.08 | 299 119 | 2.36 |
| 河 北 | 199 | 17.98 | 1 012 | 32.61 | 189 408 | 17.01 | 1 148 971 | 31.73 | 815 629 | 15.80 | 3 780 261 | 29.81 |
| 山 西 | 25 | 2.26 | 83 | 2.67 | 19 843 | 1.78 | 64 108 | 1.77 | 58 184 | 1.13 | 201 490 | 1.59 |
| 内蒙古 | 59 | 5.33 | 268 | 8.64 | 53 850 | 4.84 | 361 794 | 9.99 | 370 732 | 7.18 | 1 618 409 | 12.76 |
| 辽 宁 | 37 | 3.34 | 88 | 2.84 | 27 546 | 2.47 | 117 083 | 3.23 | 186 436 | 3.61 | 471 128 | 3.72 |
| 吉 林 | 12 | 1.08 | 59 | 1.90 | 10 231 | 0.92 | 64 268 | 1.77 | 55 885 | 1.08 | 139 959 | 1.10 |
| 黑龙江 | 43 | 3.88 | 108 | 3.48 | 35 233 | 3.16 | 131 876 | 3.64 | 193 935 | 3.76 | 341 801 | 2.70 |
| 江 苏 | 60 | 5.42 | 95 | 3.06 | 65 765 | 5.91 | 125 165 | 3.46 | 293 516 | 5.69 | 477 538 | 3.77 |
| 浙 江 | 20 | 1.81 | 25 | 0.81 | 21 588 | 1.94 | 24 828 | 0.69 | 73 212 | 1.42 | 85 900 | 0.68 |
| 安 徽 | 19 | 1.72 | 27 | 0.87 | 23 122 | 2.08 | 54 399 | 1.50 | 99 925 | 1.94 | 178 409 | 1.41 |
| 福 建 | 26 | 2.35 | 25 | 0.81 | 25 763 | 2.31 | 24 801 | 0.68 | 87 461 | 1.69 | 92 657 | 0.73 |
| 江 西 | 3 | 0.27 | 6 | 0.19 | 3 557 | 0.32 | 11 256 | 0.31 | 90 421 | 1.75 | 32 715 | 0.26 |
| 山 东 | 133 | 12.01 | 398 | 12.83 | 148 166 | 13.30 | 453 424 | 12.52 | 625 199 | 12.11 | 1 501 887 | 11.84 |

（续）

| 地　区 | 大规模养殖场（户）数 | | | | 大规模年存栏数 | | | | 大规模年产量 | | | |
|---|---|---|---|---|---|---|---|---|---|---|---|---|
| | 2008年初 | | 2012年初 | | 2008年初 | | 2012年初 | | 2008年初 | | 2012年初 | |
| | 数量（个） | 份额（%） | 数量（个） | 份额（%） | 存栏数（头） | 份额（%） | 存栏数（头） | 份额（%） | 产量（吨） | 份额（%） | 产量（吨） | 份额（%） |
| 河　南 | 129 | 11.65 | 314 | 10.12 | 148 633 | 13.35 | 359 042 | 9.91 | 762 876 | 14.78 | 1 452 526 | 11.45 |
| 湖　北 | 20 | 1.81 | 41 | 1.32 | 16 850 | 1.51 | 59 369 | 1.64 | 80 786 | 1.57 | 201 179 | 1.59 |
| 湖　南 | 3 | 0.27 | 4 | 0.13 | 6 363 | 0.57 | 6 645 | 0.18 | 13 952 | 0.27 | 12 405 | 0.10 |
| 广　东 | 23 | 2.08 | 22 | 0.71 | 35 973 | 3.23 | 31 548 | 0.87 | 88 722 | 1.72 | 88 694 | 0.70 |
| 广　西 | 6 | 0.54 | 12 | 0.39 | 6 260 | 0.56 | 9 992 | 0.28 | 14 514 | 0.28 | 26 476 | 0.21 |
| 重　庆 | 4 | 0.36 | 8 | 0.26 | 3 884 | 0.35 | 6 706 | 0.19 | 10 416 | 0.20 | 24 645 | 0.19 |
| 四　川 | 9 | 0.81 | 25 | 0.81 | 6 878 | 0.62 | 27 663 | 0.76 | 39 852 | 0.77 | 75 722 | 0.60 |
| 贵　州 | 5 | 0.45 | 11 | 0.35 | 4 686 | 0.42 | 16 329 | 0.45 | 10 242 | 0.20 | 54 347 | 0.43 |
| 云　南 | 12 | 1.08 | 11 | 0.35 | 12 088 | 1.09 | 10 567 | 0.29 | 37 230 | 0.72 | 28 028 | 0.22 |
| 西　藏 | 0 | 0.00 | 0 | 0.00 | 0 | 0.00 | 0 | 0.00 | 168 | 0.00 | 0 | 0.00 |
| 陕　西 | 21 | 1.90 | 80 | 2.58 | 16 118 | 1.45 | 75 058 | 2.07 | 67 857 | 1.31 | 224 980 | 1.77 |
| 甘　肃 | 9 | 0.81 | 29 | 0.93 | 10 357 | 0.93 | 35 587 | 0.98 | 33 832 | 0.66 | 65 532 | 0.52 |
| 青　海 | 1 | 0.09 | 4 | 0.13 | 500 | 0.04 | 5 028 | 0.14 | 1 953 | 0.04 | 13 967 | 0.11 |
| 宁　夏 | 27 | 2.44 | 67 | 2.16 | 24 745 | 2.22 | 62 249 | 1.72 | 102 522 | 1.99 | 206 638 | 1.63 |
| 新　疆 | 33 | 2.98 | 97 | 3.13 | 30 488 | 2.74 | 132 821 | 3.67 | 213 617 | 4.14 | 363 641 | 2.87 |

数据来源：根据《2012年中国奶业年鉴》《全国农产品成本收益汇编》整理。

## 6.5 各地区大规模奶牛生产优势成因分析

我国各地区奶牛优势地区如山东等地其生产优势主要成因为三个方面：

第一，技术水平高。山东等地从分利用奶牛数字化信息技术，聘请专业技术人才，并在全省范围内推广 TMR 喂养，施行疫病早预防等新技术。在全省办各种培训类讲座、观摩会等。

第二，政策导向正确。山东等地区通过引导奶牛养殖场建立相应饲料生产基地，并推进种植业发展。为保证散户收益，山东首创鲜奶吧，对生鲜乳进行一体化经营，全省各类不同经营模式鲜奶吧已经达到 2 000 多家。税收方面对饲料产品进行优惠，减免负担，降低生产成本，不断增加银行对农民贷款，发展多形式、多渠道畜牧业保险等。

第三，自然禀赋差异。我国北方地区为高原，牧草丰富，南方丘陵山地为主，粮食作物少，饲料供给成本高。相比内蒙古等地牧草优势，山东、河北、河南等地是粮食生产大省，为奶牛饲养提供精饲料具有天然优势。而新疆等地环境恶劣，昼夜温差较大，品种杂乱，单打独斗现象尤为明显，虽然新疆地区散户多，但各散户商品化程度低，往往是自家使用。

第四，资金扶持力度较大。山东全省对现代奶业投资达到 4 亿元，在技术投入上重点开展奶牛良种等级、优质牧草生产加工等，下一步将会筹备原料奶价格协调机制。

第五，奶牛养殖向规模化集中。从目前全国奶业发展趋势来看，多数省市逐步向养殖小区和规模养殖模式过渡，加之与企业建立了合作关系，对于提高生产效率、增加产量、保障质量安全、使农民和企业增收有重要作用。发展奶牛养殖小区及规模养殖有利于实施机械化生产，有利于统一饲料、防疫及技术服务，有利于提高奶牛生产效率，有利于加强奶农社会化组织程度，有利于提高管理水平，有利于保障乳品质量安全，有利于奶牛粪便集中处理，更加推动了标准化规模养殖的发展，为今后奶牛产业的健康发展奠定重要基础。

我国各地区奶牛优势地区存在不足主要有以下几点：

第一，饲养奶牛成本高是奶农收益少、竞争力弱的主因。奶牛利润低的主要原因是饲养奶牛成本很高，大部分奶牛无利润。2012 年散户奶农的每头奶牛成本占产值比重高达 93.27%，在目前奶业低迷的状态下，散户奶农应在减少奶牛成本上下功夫。

第二，未建立合理收购价格机制和供应关系。合理的价格体系和稳定的原奶供应关系未形成，所以原料奶的收购和出售之间的关系非常脆弱。当原料奶少、需求旺盛时，奶源紧张，乳品企业开始抢奶；当市场稍微平稳一些，奶源比较充足时，乳品企业压级压价，甚至找各种理由拒绝收购。这两种现象不断反复出现，成为中国奶业发展中不可遏制的现象，就是因为价格机制和稳定供货关系未形成。在这个过程中，企业是强者，吃亏的总是奶农，尤其是散户奶农。

第三，社会化服务体系不健全，奶农收益无保障。小规模养殖户与之相适应的疫病防治、配种、购置饲料、原料奶收购等社会化服务体系建设较为滞后。奶农在生产过程中接受到的服务是很有限的，尤其技术性的服务次数太少，个别地区甚至没有。奶农缺乏强有力的中介组织、经济合作组织、协会等，奶农单枪匹马面对龙头企业和大市场，市场信息不对称，信息量闭塞，难以掌握市场供求关系，经营风险极大。这些因素是导致奶农的生产成本高，奶农竞争力弱的内在成因。

第四，企业和农户之间未按生产要素投资比例来分配利润。在原料奶生产环节中，奶农借贷款购置奶牛、建牛舍、购置饲料和其他生产资料，投资比重较大，企业只投资建设奶站（有的奶站是个人集资建的）或给奶农贷款，无偿投资几乎没有。但在利益分配环节中，龙头企业利用自己的垄断地位拿走了大部分利润，给奶农留下了一小部分利润。为此，奶牛养殖环节的投入和产出并不协调，从而造成乳品企业不愿在奶源基地建设方面投入过多。

第五，企业的垄断行为导致奶农利益受损。由于理性人考虑边际量，所以无论企业还是农户，生产产品的边际收益接近或低于边际成本时都会做出反应。可是，在下游产业中存在垄断的情况下，上游产业分散的生产者和经营者做出的反应也是无效益的。例如，内蒙古甚至其他地区，奶农在奶业波动中经常成为乳品企业的牺牲品。其原因就是龙头企业垄断了原料奶市场和乳制品生产、销售市场。

第六，饲养规模以散养为主，管理水平低。由于受农村牧区经济生产条件，特别是奶农自身资金积累能力的限制，80%以上的奶农仍然是以家庭为单位，饲养规模小而分散，粗放经营为主，奶牛生产效率低。分散饲养的最大弊端是饲养规模小，管理水平低，直接导致了各种管理成本的上升，没有规模效益，也不利于卫生防疫、饲料配方、品种改良等科学方法的推广，许多农户还在以养黄牛的方法养奶牛，饲养规模粗放，观念保守，使其难有好的效益。管理水平差，导致奶牛容易患乳房炎。呼和浩特市奶牛乳房炎的发病率为36%，其中隐性乳房炎的发病率为73%左右。这种饲养和管理方式直接导致奶牛的质量下降，不能为乳品企业提供优质甚至是合格的奶源。国外的经验表明，饲养奶牛的收益大小，70%以上的决定因素在于管理，否则只能是事倍功半。奶农饲养奶牛的规模小、管理水平低是奶农竞争力弱的重要原因。

## 6.6 本章小结

本章通过比较散户和小规模养殖户发现，散户更具有成本优势。这是由于散户多无统一管理机制，机械化程度低，饲料供给简单，多通过当地购买少量饲料，其余大都自给自足，在一定程度上降低了生产成本。但是如何不以牺牲产量和质量为前提，大幅降低生产成本是现阶段需要攻克主要问题。散户大多以降低产量或不自觉降低质量造成成本低于中小规模养殖户现象，但这一现象不能说明其具有绝对成本优势。中规模养殖户是各养殖模式中最具成本一级概率优势模式。大规模养殖户却具有最高全国平均 FSD 值，这是由于机械化生产，统一的饲料、防疫及技术服务，高生产效率和管理水平，集中的粪便处理等标准化规模养殖都导致其成本高于中小规模养殖户。但是大规模养殖户高成本之下带来的是高质量和高产出，这就是我们俗话说的“走量”。

我国散户总量不断下降，但散户仍是奶源供给主力。当前我国规模化养殖奶牛 100 头以上的比重为 37%，超过六成的奶源由小规模专业户或者散户提供。由于生产成本上涨，市场、疫病风险加大，农民进城打工增多，导致目前散户加速退出。散户中，最优 FSD 值当属广西、山东、山西等地，这是由于山东是粮食主产区，饲料成本远低于其他地区，而广西散户数量较少，自然资源丰富，闲置劳动力较多，无形中节省总生产成本。福建、辽宁、天津 FSD 值在小规模养殖户中位居前三，天津位于首都经济圈内，散户将逐步退出养殖，其优势相对较高和其补贴政策、先进奶牛养殖技术是分不开的。中、大规模较具优势 FSD 值属于山东河南等地，不难发现，粮食主产区其中大规模养殖户在全国范围内都具有一级概率优势值，饲料成本是决定生产总成本的重要指标，同样饲料也是关系到牛奶质量、产量的关键性因素。

# 7 奶牛产业风险研究

近年来，河北、河南、山东、青海、江苏、广东、内蒙古等地的“牛奶”新闻不时在各大新闻媒体出现，“牛奶田”“杀奶牛”“牛奶难卖”成为热点，全国倒奶现象加剧，造成该行业指向进口奶粉。同时，近几年来全国“灭小”的政策取向已引发了连锁反应，使得专业收购零售牛奶中小企业关闭，大公司不愿意购买那些零售的牛奶，在国际乳制品价格暴跌背景下，“杀牛倒奶”成为不可避免的问题。

“杀牛倒奶”的主要原因是国家支持奶农的门槛不断提升，散户奶农不能享受补贴政策，深层危机来临时，散户只有卖奶的利润来支持发展是不可持续的。同时，由于国内乳制品企业的产品结构不合理，大量使用奶粉，从而导致国内牛奶使用下降并最终演变成“牛奶”事件。另一方面，进口牛不断增加，国产牛却遭大量屠宰。

自 2009 年以来，农民杀牛卖牛，退出养殖农户每年超过 10 万农户，近些年的许多领域又见倒牛奶、奶农杀牛，卖牛。甚至在原料奶缺乏的广州，出现罕见的十多户农民弃养奶牛的现象，这种现象 15 年来首次出现。如广东惠东乳制品加工厂，2014 年 1 月基本每天要倒超过 3 吨的新鲜牛奶，奶制品工厂有 600 头奶牛，牛奶产量超过 5 吨，每天不到 2 吨的销售供于鲜奶店、超市等其他终端市场。即便如此，大部分的牛奶仍会被倒掉。2015 年元旦前一直有人收购原料奶，2015 年元旦没有人过来收牛奶，一直没有好的解决方案。大多数奶牛场和牛奶加工企业签订了购买协议，价格比 2014 年便宜 500～600 元每吨，协议价在 5 200～5 300 元每吨，高合同价格 5 800 元/吨。可以说规模养殖场与厂家基本都签署了协议，散户却没有着落。如山东菏泽地区，大型和小型养殖场已经受到严重影响，山东某些养殖场一个星期以内先后倒掉 7 吨原料奶，一些农民合作社甚至卖牛。倒牛奶的基本是零售商，这种现象没有大规模的牧场出现，一些奶牛合作社也会把牛奶倒掉，但这些合作社主要包括散户，每家从几头到几百头不等。一些大规模的牧场与大型奶制品公司签署了协议，虽然价格从 6.2 元到 4.5 元每千克不等，但对牧场仍有利润空间。零售牛奶价格下跌严重，基本最低 1.6 元/千克，低于成本价格，奶农被迫只能选择倒牛奶、卖牛。市场经济下无法干预企业强行收奶，但如果政府没有好的措施，牛奶价格也将持续下降。

2014年农业部发布了《关于协调处理卖奶难稳定奶业生产的紧急通知》，提出确保原料奶销售的正常秩序是首要任务，密切监测新鲜牛奶的销售情况，通过各种形式监督乳制品企业履行购货合同，施行积极措施保护奶农的利益。派出团队到河北、山东、山西，了解业内具体情况并提出解决乳制品行业“牛奶很难卖”问题的措施。“抓小”政策的后遗症是出现“倒奶事件”主要原因，另一方面，饲料成本高，比如人工饲养成本上升，价格不稳定甚至下降，乳制品企业过度使用进口奶粉和减少使用当地原料奶，这些主要原因使奶农杀牛卖牛，重大政策问题带来的后遗症是倒牛奶丑闻的根源。

据悉，原来的乳制品行业约有2 000家大型和小型加工企业，国家想要提高乳制品加工企业的集中度，2011年3月底，全国各地开始对乳制品生产企业颁发生产许可证，1 176家公司提交申请材料，通过审核的只有643家公司，其中包括114家婴儿奶粉企业，整个乳制品行业加工企业突然消失三分之二。因为许多中小企业收购本地牛奶，但因为没有许可，这些中小企业只能退出市场。留下600多家乳品加工企业不支持中国牛奶收购，所以在国际价格大幅下降时，国内立即出现倒牛奶卖牛的问题。中小企业的退出使大公司的市场份额越来越大，从数十亿美元的数百亿美元。但大公司不愿意买奶农的牛奶，讨价还价，故意压低价格。

除了一些大型企业和大规模的牧场合作，国人还出国购买廉价奶粉，最终导致国内的奶农破产。大型企业不愿意购买零售牛奶，主要是考虑产品安全问题的原因，其次是奶农的奶牛可能要被淘汰，但仍饲养，牛奶的质量不能满足企业的需求。大型企业应购买牛奶承担社会责任，促进农业的发展，但现状是政府帮助大公司做大市场，让中小企业倒闭，而大企业不承担责任。目前国内企业使用进口奶粉复原奶生产许多产品，除了乳酸菌饮料，酸奶也是大量的进口奶粉生产的，而国内巴氏杀菌奶越来越少，导致国内牛奶的数量和价格减少很多。进口奶粉很便宜，加水后极难检测，导致大量企业用进口奶粉。

由于进口价格较低，价格为2万～2.2万元/吨，和国内奶粉3.5元/吨相比，每吨进口奶粉比国内便宜1万多元。面对进口奶粉的竞争，几乎所有散户奶农只有微薄利润，国家补贴对他们来说更是一纸空文。目前国家对养牛300头以上的大小奶牛牧场予以补贴，1 000头以上的农场补贴150万元，其中800头补贴100万元，500头补贴50万元，养殖规模越小，补贴越少。而大部分散户很难达到这一标准。

尽管农业部实行乳制品补贴制度，但真正受益农民少之又少。政府提倡养殖业规模化经营，人为地提高支持门槛。为了缓解风险和倒牛奶现象，一些学者建议政府给乳制品加工企业的加工补贴转变为用牛奶加工成粉并存储，而这只是一个临时解决方案。为长期发展，政府购买奶农牛奶向公众公示，增加透明度，让消费者知道进口多少奶粉，有多少产品是由新鲜牛奶制成的，从消费者的角度抵制还原奶产品。另一种方法是鼓励收购当地牛奶。

## 7.1 奶牛产业支持的经验借鉴

乳品过剩在世界上曾多次发生，并不少见。各国在处理这类问题上方法差异巨大，以下列举美国，欧洲和巴西预防风险的奶农育种经验，相应的政策对中国有一定的启示。

美国农民的保险政策　自 1970 年以来，美国牛奶产量增加了近 50%，平均每头牛的奶产量在此期间几乎翻了一番，同期奶牛繁殖从 20 增加到 100 头。2007—2010 年超过总产量 12%的牛奶加工成乳制品出口到国外，为美国创造了许多就业机会。大约 10 年前这一比例约为 5%。

美国也出现过类似中国杀牛倒牛奶的现象，美国将目标支持价格创新应用到奶牛身上，即当牛奶市场价格低于目标价格，有关部门购买乳制品并存储，从而可以确保奶农收入不低于市场价格，不损害奶农的利益。美国乳品行业支持政策有着悠久的历史和高覆盖率，为保护农民的生产积极性，稳定增加牛奶产量发挥了积极作用。

美国乳品行业支持政策主要包括三个方面：第一，价格支持政策。这一政策始于 1949 年美国农业法案，然后经过几个变化。这项政策的目标是确保农民得到合理的价格，不是为了避免奶农在农业利润压缩甚至损失而放松牛奶质量和安全管理。2008 年美国农业政策发生根本改革，原设定牛奶最低收购价改成乳制品最低收购价。美国农业部农业信贷公司负责达对达到要求的黄油、奶酪、脱脂奶粉进行收购。价格支持政策还包括鼓励乳制品出口。通过对乳制品出口商实施现金奖励政策，促进了脱脂奶粉，奶油，奶酪的出口进而支持国内牛奶的价格。这项政策制定于 1985 年，出口补贴数量和 WTO 农业协议的数量是有限制的。

牛奶价格支持计划虽有其合理性，但事实是自 20 世纪 90 年代以来，该计划对牛奶的价格几乎没有影响，没有效果。基于开放贸易措施框架下的乌拉圭回合全球贸易协议，美国很难使用更多的乳制品价格支持计划。

第二，牛奶收入损失合同计划。根据计划，当牛奶价格低，政府对农民实施现金补贴。虽然农民们有资格获得补贴，但由于有限的补贴，相对于大奶农，散户奶农很难获得补贴。美国在2008年批准了农业政策，做出更详细的补贴规定。

第三，液态奶销售。这一政策在1937年美国大萧条以来，为了解决乳制品行业所面临的独特挑战，修改了很多次。主要原因之一是牛奶生产商和制造商之间的政策是平衡市场的力量，要求奶制品制造商每月按照不少于指定的最低价格从农户购买牛奶。

欧盟建立新的市场控制体系结构。2009年欧洲农民倾倒牛奶抗议价格下降，法国政府追加3 000万欧元帮助农民应对这场危机。此外，法国和德国对欧盟提议建立一个新的监管机制来帮助农民，得到绝大多数欧盟成员国的支持。法国和德国的提议包括短期和长期措施两部分，短期措施增加以弥补奶油、牛奶和奶酪出口，长期干预措施包括欧盟干预全年牛奶销售，奶农和收购商之间签署合作协议。

巴西政府紧急购买多余过剩牛奶。在2003年，当时巴西最大的龙头企业帕玛拉特申请破产保护，影响大量的奶农，为了解决奶农的困难，中国国家开发银行、巴西政府提供紧急贷款，并拿出3 000万美元收购市场上过剩牛奶。在国际市场低迷时，政府将限制进口，保护国内市场或乳制品行业宣布实施最低保护价格，巴西乳制品工业协会和牛奶生产者协会，他们不仅保持磋商协调供应与需求之间的关系，还制定管理规则，协调生产和处理纠纷。国内合作社与乳制品加工企业形成利益共同体。国内生产者除了根据标准的原料奶得到奶款外，每年还可以获得额外股息收入。

## 7.2 奶业发展面临的机遇

### 7.2.1 奶业扶持政策持续加大，持续发力助推产业向上发展

自2015年以来，国家支持乳制品行业措施不断增加。一方面，国务院发布了《推动婴幼儿配方乳粉企业兼并重组工作方案》，鼓励使用管理、技术、财务、信贷和其他手段来促进企业联盟，使企业更大更强，加强品牌建设，保障特别是高品质、质量安全的婴儿配方奶粉的市场竞争力和国内奶制品市场生产积极性，多企业进行实质性谈判，达成初步意向。2015年国家将畜牧业工作重点继续放在保持牛奶安全方面，提出了建设高质量的原料奶基地，确保供应和加强高质量奶源基地的规定，提高质量和安全监控，突出“种、料、养、管”等关键环节具体措施，确保乳制品生产和安全。

与此同时，国家继续支持奶牛标准化规模养殖，资金仍然为10亿美元。支持奶牛生产性能测定的资金实现翻倍，从2 000万元调整到4 000万元。

2015年国家乳制品行业不断扩大政策覆盖面积，在饲料方面，新增草食动物青贮玉米补贴和示范补贴，在遗传育种方面，提高乳制品质量胚胎补贴试点，每头奶牛胚胎补贴5 000元。

与此同时，继续实现婴儿配方奶粉生产许可证的国家审计工作，继续清理不符合国家规定的《婴幼儿配方乳粉生产许可审查细则（2013版）》的企业，原料奶建设过程、技术、质量控制等整改措施继续增加。

2008年之前，乳制品行业有政策支持，缺乏资金支持，2008年之后，用来支持乳制品行业的发展经费已经在增加。在国家政策方面，多年来国务院下发了很多文件，如《乳品质量安全监督管理条例》《乳品质量安全监督管理条例》《奶业整顿和振兴规划纲要》《关于进一步加强乳品质量安全工作的通知》《关于加强食品安全工作的决定》《关于进一步加强婴幼儿配方乳粉质量安全工作的意见》等。清理整合后，借鉴国际经验和实践，国家宣布了66个国家食品安全标准，完善了我国乳制品质量标准体系。在金融支持方面，乳制品行业上游，农业部发布了标准化奶牛养殖规模、质量安全监督、生产性能测定、挤奶机械购买补贴政策，振兴奶牛苜蓿发展行动支持等政策，支持和资助内容实现双重突破，包括乳制品产业链上游资金从2014年的4.6亿元增加到2014年的18亿元，增长了3倍，达到一个历史性的突破。

### 7.2.2 社会资本注资持续增加，奶业成为金融投资新热点

十八届三中全会后，国内商业金融支持奶业发展的力度开始加大，奶业出台的一系列利好政策促使奶业成为农牧业中具有较强抗风险能力的产业，奶业已成为国内外银行、基金、投行等的一个新的投资热点，2014年以来表现尤为突出。一是证券融资方面。蒙牛集团向法国达能定向增发51亿港元，光明乳业向亚洲私募股权基金RRJ基金定向增发15.25亿元，三元乳业向复星国际资本定向增发20亿元，辉山乳业在港上市后募集资金净额达到75亿港币，国际Horley Investments、易达孚、三井住友银行等纷纷注资中国圣牧力争股东席位；二是投资建设方面。荷兰皇家菲仕兰有限公司和辉山乳业进入排他性谈判，商讨建立合资企业，并计划投资4 000万元与中国农业大学建立中荷奶业发展中心。新加坡政府投资公司GIC与区域私募基金泰山投资组成财团将注资华夏畜牧1.06亿美元，用于发展国内高端奶源市场。现代牧业集团也正着手准备和KKR基金、鼎辉投资共同出资1.4亿美元建设2个大型牧场。阿里巴巴联合云峰基金与中信产业投资资金将投资20亿元购买伊利畜牧公司60%的股权，看好畜牧养殖业。恒大集团投资奶业，成立乳业公司，涉及牧场经营、乳粉生产等业务，准备养牛建厂。另外，恒天然集团在华加大规模牧场

的建设和奶业培训力度，与雅培公司签署协议，计划投资3亿美元发展奶牛养殖。瑞士雀巢公司在双城也开始加大对牧场的投资。总的来看，在当前产业结构调整过程中奶牛养殖散户退出加快，规模养牛生产水平提高、政策利好，企业投资积极性高，补位跟进成为投资奶业的必然趋势。社会资本包括外资进入，有利于加快奶源基地建设和提高奶业整体素质，对夯实奶业发展基础是重大利好。

### 7.2.3 乳制品企业盈利持续增加，奶业市场前景不可估量

由国家统计局数据和主要上市乳品企业发布的公报可知，2014年上半年，乳制品企业盈利持续增加。从整个产业看，1～7月我国液态奶及乳制品制造业规模以上企业631个，实现产品销售收入1 821.2亿元，同比增长17%，利润117亿元，同比增21%。从主要上市企业的业绩看，伊利集团上半年营业收入273亿元，同比增长14%，净利润23亿元，同比增长32%；蒙牛集团上半年营业收入258亿元，同比增长25%，净利润10.5亿元，同比增长40%；光明乳业上半年营业收入98.72亿元，同比增长33%，净利润2.1亿元，同比增长42%；三元股份上半年营业收入22.49亿元，同比增长21.49%，净利润1.8亿元，同比扭亏。4家乳企2014年上半年共获利37.4亿元，乳企经营业绩同比增长幅度大，表明奶业市场持续向好。分析近年来乳制品加工业发展可以看出，产量上，2000—2014年全国乳制品产量从217万吨增加到2 652万吨，增长了11倍。产值从159亿元增加到3 300亿元，增长了21倍。结构上，企业兼并重组力度加大，产业集中度逐年提高。2008年全国规模以上乳品企业815家，2014年为631家，集中度大幅增加。尽管近年来奶业出现“奶荒”和“奶剩”的现象，面临着产业基础不牢，一体化程度不高等问题，但产业发展速度很快，发展动力和空间很大，我国乳品企业的竞争力也在不断提升，比如伊利集团已进入全球乳业十强，表明我国奶业发展的机遇是远大于挑战的。同时，受国家经济发展带来的巨大市场引导，宏观经济良好的增长预期让国内奶业具备较强潜质吸引资本注入，参与、影响、改善全球奶业产业链结构，也为国内奶业在国际舞台资源分配中赢得足够话语权。

## 7.3 国内养殖场风险防控案例分析①

浙江某奶牛养殖场是一家私人拥有的家庭牧场，位于浙江省嘉兴市，现有

① 刘玉满，等．发展现代奶业需要培育大批现代农业［J］．中国乳业，2011（111）：16-18.

奶牛 237 头，其中成母牛 119 头，泌乳奶牛 107 头。由于实现了高效养殖，该牛场已成为远近闻名的奶牛规模化养殖场。在从事奶牛养殖之前，场长做淘汰奶牛贩运生意。原来主要收购上海光明乳业各奶牛场淘汰奶牛，然后销售给相关屠宰企业，一直靠贩牛为生。但是，2000 年以后，由于供求双方信息日渐充分、透明，贩牛生意难以为继，而后改作饲养奶牛。场长基于多年的贩牛经验和对奶牛的了解，以每头 700 元的价格从光明乳业的奶牛场购买了 38 头小犊牛，开始饲养奶牛，从一个牛贩子转变为一个奶农。

从奶农到奶牛养殖场靠 38 头犊牛起家，完全依靠个人力量，采取滚动式发展策略，目前的奶牛饲养量已经增加到了 237 头。场长本人亲身经历了由一个小规模的散养农户向规模化养殖转变的历史进程，经过 10 年努力，实现了农户向农场的转变。由于养殖规模的扩大，场长本人也由一个普通奶农转变规模化养殖场的场长。据场长介绍，目前的奶牛场占地 26 亩，其中 9.3 亩为自有承包地，一个名副其实的高效养殖场。饲养的成年母牛个个都是高产个体，按泌乳牛计算，2009 年全群年平均单产 9 吨，最高个体达到 13 吨。目前，107 头泌乳牛日产牛奶 3.2～3.3 吨，全部交售给光明乳业，奶价已达到 3.46 元/千克。他饲养的奶牛不但高产，而且还优质，牛奶的蛋白质含量平均水平为 2.90％，脂肪为 3.55％，体细胞数为 25 万～50 万，菌落数夏季在 10 万以下，冬季为 5 万以下。由于体细胞数和菌落数低，他出售给上海光明乳业的生鲜乳可分别获得 5 分/千克和 4 分/千克的加价。高产优质使奶牛养殖场获得了高额回报，2009 年全场的销售收入为 377 万元，实现净利润 102 万元，如果按泌乳牛计算，每头奶牛的利润达到了 9 500 元。场长用了 10 年时间实现了三个转变，即由农户到农场的转变；由传统养殖向现代养殖的转变；由低效养殖向高效养殖的转变。通过与场长交流了解到，奶牛养殖场实现三个转变的背后确实有几条“秘诀”。

重视遗传基础。实行选种选配自养牛那天起，场长就高度重视牛群的遗传基础。他认为，牛群的遗传基础对养殖效益具有基础性的决定作用。只有具有高产基因的个体才能表现出高产性能。他本人对全球前 20 位种公牛的遗传性能了如指掌，在选用冻精时，他放弃了享受国家良种补贴的国产冻精，一直坚持花高价（250～300 元/粒）购买进口优质冻精。不仅如此，在选择冻精供应商时，他要求供应商在提供冻精的同时还能够提供选种选配服务。优质冻精加上选种选配，使牛群的遗传性能一直保持着高水平。他每年用于配种的费用高达 10 万元。重视饲料营养，实行种养结合。一个高产牛群除了具备优良品种之外，充足的营养供给也是一个决定因素。为了保证牛群的青饲料供应，他与当地农民合作，采取合同订购形式，让一些周边农民为他种植青贮玉米。他获得了青贮玉米，农民获得了比单纯销售玉米更高的收益，牛场和农民实现了双赢。另一方面，为了保证牛群的蛋白质饲料和粗饲料供应，他每年从美国购进200～250吨优质苜蓿干草，并从东北购进一些羊草。此外，对于购进的每一批次的饲草、饲料，他都会送样本给相关检测机构或实验室，对营养成分进行测定，以便做到在调制日粮时保证各种营养成分的精确性。均衡的营养保证了牛群的持续高产。

重视牛场防疫，实行滚动发展。疫病控制是规模化牛场的头等大事，疫病风险是规模化牛场面临的最大风险。牛群一旦染病，即使死亡率很低，但会给以后的净化带来非常大的困难。做好牛场疫病控制工作的关键措施就是防止把病牛引进牛场，最好办法就是不从场外引进。为了做到这一点，奶牛养殖场规模的扩大采取了滚动式的发展模式，既自繁自养。事实上，目前牛场饲养的每一头牛都不是从外部引进的，牛群是通过自繁而逐年扩大的。此外，场长还非常重视防疫工作，每年4次防疫，每次都测抗体，抗体不达标的要补打疫苗。由于防疫做得好，所以多年来牛场没有爆发烈性传染性疫病。

重视高产高效，实行成本控制。高产在于舍得在育种、营养、疫控等方面不断增加投入。而高效在于在资本投入方面实现成本控制。在成本控制方面，场长重点做了两件事：①控制同定资产投入。奶牛养殖场圈舍简陋，床位紧凑，通风良好，还安装了喷淋设施；有些设施和设备是别人用过的二手货。所以，该牛场看上去也远没大家常见的一些规模奶牛场那样气派，但确是经济适用。②青粗饲料本地化。除了玉米、豆粕、紫花苜蓿等需要从外地购买外，牛场充分利用当地的饲草资源，包括野草、桑叶、银杏叶、稻草等，尽可能降低饲养成本。目前，我国包括养殖小区在内的规模化养殖场数量相当庞大，但是，真正能够实现高效养殖的确寥寥无几。究其原因，那些规模化养殖者多数还不能掌握这些“秘诀”，因为掌握这些“秘诀”需要现代农民。高效奶牛养殖场的成功经验表明，高效养殖需要多方面的技术知识和管理经验，需要一个能够把育种技术、营养技术、防疫技术进行有效集成的现代农民。场长就是一个现代农民的代表。所谓“现代农民”就是“有文化、懂技术、会经营”，能够胜任发展现代奶业这一时代重任的职业化农民。但是，当前我国绝大多数从事奶牛养殖的农民仍属于传统农民，他们由于缺乏相应的科学技术和管理经验，致使劳动生产率非常低下，奶牛养殖的收入水平也不高。因此，在转型过程中，如何把传统农民培育成现代农民，是发展现代奶业所面临的一个重大课题。

现代农民具备基本素质奶牛场才能够取得较高的效益，关键是领导者本身，他应具有现代农民应有的基本素质。第一，非常强的学习能力，在奶牛育种、营养、疫控等方面的技术和知识非常丰富，达到专业程度；第二，具有丰富的经营管理经验，具有很强的市场信息收集能力和分析能力，包括冻精、饲料、生鲜奶等市场信息，知道如何降低生产成本；第三，具有良好的公共关系，同相关的政府部门和主管官员、相关的科研院所及专家学者都建立广泛的联系。如果经营管理得好，奶牛规模化养殖是有生命力的，即使在嘉兴这样一个高度工业化的地区，奶牛场仍在当地表现出很强的生命力和竞争力。但是，规模化养殖只有与现代农民有机结合才能实现高效养殖。因此，我国奶牛养殖环节的现代化需要培育大批的现代农民。培育现代农民需要大量资源投入，为大批的传统农民提供“教育”和“培训”。不过，需要强调的是，“教育”应该包括文化教育和职业教育。文化教育是基础教育，是针对整个农民群体的，其目的是为了提高农民的文化素质。职业教育是专业知识教育，是针对农民中的不同群体的，其目的是为了培育职业化农民。至于培训，主要是专业技能和新技术培训，包括机械操作、设备维修、人工授精、胚胎移植、饲料配方和疫病控制等。然而，培育现代农民需要全社会的长期关注和持续努力。

# 国外养殖场经验借鉴

## 8.1 以色列

以色列可谓是“弹丸之地”，国土面积是 25 000 平方公里，但是却有着 750 多万的人口。我国的奶牛养殖与其有许多相同或者类似的问题，很多地方我们是可以借鉴的。虽然我国的国土面积和人口与其有很大的不同，但都同时拥有较大面积的沙漠，适宜人口居住的地区相对狭小。两国的奶牛养殖业都同样面临一些土地和水资源有限的问题，对于这样的问题，以色列采用了集约化的奶牛养殖规模，具有高投入高产出的性质，养殖规模虽然相对较小，但是比较高产，足以满足以色列人们对乳品的需求。与此同时，养殖水平也不断得到提高和加强。目前，以色列奶牛存栏 13 万头；牧场数量 940 家；平均单产 11 780千克/年・头（全球最高）；乳脂率 3.77％；乳蛋白率 3.32％；体细胞数 22 万个/毫升。与中国的奶牛业的发展一样，以色列的奶牛业发展也相对比较年轻。首次探索的时候，人们面对的是恶劣的气候：漫长、酷热、干旱的夏季，缺乏大量的水资源和粗饲料，其中还存在不少未知疾病对奶牛的威胁。随着人们探究的深入，人们渐渐地找到了一些解决方案，以下是这些解决方案的具体体现，其中大都极具借鉴意义，为满足中国日益增长的乳品需求提高奶产量我们要积极加以利用。

### 8.1.1 饲料方面

以色列奶牛养殖中所需的大多数精料都需要进口，但粗饲料基本都依靠国内供应。对以色列来说，由于水资源相当珍贵，所以，小麦的种植大多数选择在有雨的冬季进行，并且小麦秸秆以青贮或干草形式储存。玉米的种植面积则非常有限，基本用处理后的废水灌溉，苜蓿的种植也是如此。由于缺水的原因，有些农作物，如三叶草（冬季种植）常被用来作为苜蓿的代替品。由于种植面积的制约，以色列的粗饲料价格相对比较高，因此日粮配方中粗饲料的含量相对就比较小，约为 35％。我国当下对粗饲料的需求也不断加大，进口不断增多，如果可以在国内大面积种植优质牧草，那么就可以节省很多成本，获得更多收益。

### 8.1.2 应激管理方面

为了增收，以色列的养殖户就要和漫长炎热的夏天作斗争，夏季的高温天气给牛场带来很多负面影响，严重阻碍奶牛养殖的发展。以色列的奶牛每年要经历平均长达 8 个月轻度至重度热应激。虽然以色列的水价和电价非常高，但是对于养殖户来说，他们都必须选择给奶牛进行集中降温，降温系统的工作原理是通过一个控制系统结合把奶牛体表湿润，然后用强力机械风将其体表吹干，以达到降温的目的。这样一来，效果极佳，几乎完全消除了夏季热应激给奶牛带来的负面影响。我国国土面积广阔，不同地区的气候的差异也非常大。但是我国大部分地区的奶牛也都会经受高温高湿带来的热应激。而热应激的负面影响就是产奶量和繁殖力的下降，体细胞数的升高，以及奶牛免疫系统防御能力的降低。针对这样的问题，我们应该正确对待，以减少损失。尽管是在人感觉舒适的 22℃，但是对奶牛来讲，已经产生了轻度热应激反应。所以，借鉴和使用以色列的这样一套可靠的降温系统，对中国的奶牛养殖者来说，是巨大的进步，可以很快实现产量增加的愿望。

### 8.1.3 生鲜乳质量方面

1995 年，以色列全国生鲜乳的体细胞数平均值为 42.8 万个/毫升，而小型家庭牧场的体细胞数更高，达到 54 万个/毫升，大型牧场的平均体细胞数为 37 万个/毫升。与此同时，以色列引入一套生鲜乳定价系统，以便奖励体细胞数低的牛场，并且对生产高体细胞数牛奶的牛场进行罚款，这样就形成了一套“闭合”式的奖罚系统，随着养殖业的不断发展，这一系统的奖罚标准也在不断提高和进步，激励着养殖户对生鲜乳质量的不断提高。其结果是，目前以色列全国的生鲜乳体细胞数在 21.8 万个/毫升左右。随着体细胞数的下降，生鲜乳质量得到了提高，产奶量也有所增加。目前，我国奶业正努力寻求生鲜乳产量的提高和增加消费者对奶业信心的有效途径。以色列的经验足以证明，生鲜乳定价系统是可行的、高效的，世界上其他国家也有很多这样的案例。在我国追求生鲜乳产量提高和增加消费者对奶业的信心的过程是长期的、艰巨的，需要中国奶业各部门持续不断的努力，其结果是值得这样去做的，最终收获的比付出的要多。

### 8.1.4 奶牛换代方面

我们这两个国家更新奶牛的速度都是非常迅速的。中国奶牛业依靠进口青年牛，快速增加存栏量，但是由于中国进口奶牛的需求远大于可利用资源，所以导致进口牛的价格不断提高。面对这样的困境，如果有一套完善的奶牛更替方案将能节约大量资金，并可大幅增加牛源。假设我国可以控制一些引起奶牛提前淘汰的关键点（繁殖力、乳房炎、跛行，延长奶牛寿命）将会获益匪浅。此外，提高犊牛和青年牛养殖水平，为扩大泌乳牛群提供更多的后备牛，青年牛的生产性能更好，寿命也会更长，这些都将是养殖户的受益点。做到这些，需要养殖户提高重视度，并增加一些投资。

### 8.1.5 养殖场综合管理方面

随着现代奶牛业投资的不断加大，中国、以色列乃至全球的大型奶牛场都在快速地建设更大型的牧场，这一趋势是不可避免的。但大型牧场养殖有“丢失”单头牛的风险，容易忽视单头牛的需要（健康、繁殖、遗传）。针对这一问题，以色列的养殖牧场则采取了电脑软件结合自动识别系统，以提高对牛群的管理和控制。未来中国的大型牧场越来越多，这些牧场会比以色列的牧场要大得多，但电脑软件管理牛场的应用还不完善。相对大型牧场中型牧场也是如此，提高产量和实现最优化管理的关键是整合及利用一套可靠的奶牛管理软件，提高现代化技术水平。提高管理水平的关键是信息的准确性即每天收集的奶牛数据都可信，牛场发生的每件事，每一处细节都要收集并录入电脑软件，包括奶牛的产奶量、发情、授精、妊娠检查、疾病、疫苗、产犊、干奶、遗传等。假如这些有价值的数据在记录中不准确，将会使对单头牛的处理过程中作出错误的决定，并且也不利于牛群的管理。规模越大，对管理软件要求就越严格，数据就要求更加准确。活动量探测器在以色列中使用非常广泛，对奶牛发情鉴定和授精时间的把握会很有利。尤其对于日益扩大的牛场及有新员工加入且没有工作经验的时候，活动量探测器被证明是非常有帮助且可靠的。我国奶牛养殖业的发展尤为迅速，同时也伴随着牧场工作人员的快速流动。在很多情况下，新入场的员工没有养殖经验，也没有经历过发情监测的培训，导致很多牧场完全依赖同期发情给奶牛授精。这种做法不仅成本很高，也不利于获得高繁殖率。若活动量探测器安装应用加上管理软件的应用，这样不仅可以提高繁殖力，还可以增加产奶量。探测器的原理是：在颈带上的活动量探测牌会每小时发送一次数据到接收器，在牛舍的接收器可以监测到发情开始的时间，指导场长进行授精的最佳时间。以色列奶牛养殖成功的经验很大一部分原因是，采用了成功的育种方案，并且培育了能适应他们当地炎热的气候，符合当地市场需求的奶牛。这是非常了不起的，我国也可以通过选育特定的适合中国市场需求的公牛，增加产奶量，获得大的经济效益；同时结合良好的数据保存和管理，避免因同一血源精液导致近亲繁育。目前近亲繁殖的现象在当前奶牛场也非常普遍，不但会造成产奶量的下降而且会导致其繁殖能力的减弱。另外，大型奶牛场还应该考虑当地市场的有利遗传特性，制定出遗传改进的方案，这样才会按照牧场预想的方向改造和优化奶牛场奶牛的后代基因。除了最有价值的一些遗传特性，如乳脂率、乳蛋白率外，另一个可能的方向是高产奶量和低体细胞数的遗传性。

## 8.2 澳大利亚

统计表明：2013 年澳大利亚的奶牛总数约为 165 万头，牛奶总产量为 920 万吨。奶牛养殖在澳大利亚各州均有着很长的历史，但大多都集中在沿海地区，其中维多利亚州为最主要的奶牛饲养和牛奶生产区。该州的奶牛饲养数量占其国家的 65%，其次为新南威尔士和昆士兰州，占澳大利亚的 22%。澳大利亚的气候和自然资源非常有助于奶业生产。在澳大利亚有近 80%的奶牛为草地放养，牧草的生长依靠天然降雨，但会有一小部分内陆地区依靠灌溉。总体来说，澳大利亚目前完全依靠天然降雨的牧场约占牧场总数的 30%，生产的牛奶约占总产量的 18%，这样的牧场平均规模为 210 头；不补饲或补饲少量饲料，依靠天然降雨加灌溉的牧场约占总数的 50%，生产牛奶约占 52%，平均规模为 267 头；在降雨和灌溉的基础上，补饲谷物等饲料的牧场约占 16%，生产牛奶约占 25%，平均规模为 340 头；另外，还有 2%的牧场采用集中饲养的模式，生产的牛奶约占 4%，平均规模为 404 头。在这样丰富多彩的生产状况下，澳大利亚的牛奶养殖不但高效而且质量好，并且其生产成本与世界其他的国家相比是非常低的。目前澳大利亚主要出口的乳制品为奶粉、黄油和奶酪，这其中大部分奶粉会出口到亚洲。在乳制品贸易上，澳大利亚有将近 4 万人直接从事奶业生产与加工，虽然牛奶产量只占世界牛奶产量的 1.8%，但奶制品的出口量却占到世界出口量的 9.4%，是仅次于欧盟和新西兰的世界第三大奶制品出口国。2012 年，澳大利亚向中国出口奶制品 10.9 万吨，出口金额为 3.89 亿澳元，中国成为继日本之后的澳大利亚乳制品第二大出口国。综合来看，澳大利亚奶牛养殖有如下几点可供我国借鉴：

### 8.2.1 奶牛生产方式以质量型为主

虽然澳大利亚具有良好的自然条件，但是其奶牛养殖的发展并不是一味地追求数量和规模，而是通过提高生产水平增加单产，选择与其国情相适应的适度规模。目前我们国家的资源条件决定了小规模养殖在很长时间内依然是主体，所以我们国家的奶业在未来的发展中也要通过改善饲料、改良品种和提高管理水平来增加牛奶的单产，从而实现更少的奶牛场、更适度的规模、更高的牛奶生产率。

### 8.2.2 利益合理分配的合作社模式保证奶业生产安全高效

当前澳大利亚的奶业生产有两种不同的生产模式：一种是农民拥有的合作社和股份公司进行奶制品的生产与加工，第二种是奶牛场和独立的乳品企业（包括私营、上市及跨国公司）通过合同收购的方式进行合作。奶牛场参股的合作制模式占有非常重要的地位。奶牛养殖户们以自愿的方式申请参加合作社，奶农便成为合作社的股东，合作社则直接创办加工企业。加入合作社后奶农所生产的牛奶必须全部交给合作社乳品加工厂，合作社的乳品加工厂也有义务收购社员生产的牛奶，这样既可以解除奶农销售牛奶的后顾之忧，又可以使奶农有更多的精力做好奶牛养殖，也就提高了牛奶的质量和产量，合作社的乳品厂可以获得数量稳定和质量较好的原料奶，更好地协调牛奶的生产加工和乳品销售。奶农合作社使得奶农和乳品厂之间的整体利益保持一致，关系易于协调，为促进奶业生产的优质高效，保证乳品质量安全起到了重要作用。目前我国奶业发展还处在初期，各种模式并不是特别完善，奶农和乳品加工企业还没有建立紧密的利益链接的机制，这就为生鲜乳质量安全带来隐患，可借鉴国外的经验，有序提高原料奶生产、乳品加工、市场营销环节的依存度，通过建立奶农合作社、奶牛场入股加工企业及自建乳品企业等方式推进一体化经营，推进利益合理分配的同时保证牛奶生产的优质高效。

### 8.2.3 种养结合模式推进奶业可持续发展

澳大利亚地域辽阔，草原面积广，牧草的质量非常高，气候条件非常优越，加上牧草生长比较旺盛，使得澳大利亚可以在全年进行放牧。对于澳大利亚，以放牧为主或种养结合的生产方式，不但为奶牛养殖提供了丰富的饲草饲料，尤其是青贮饲料和牧草，发挥奶牛的遗传潜力，而且合理地利用了奶牛粪便还田，既增加有机肥的施用量，又提高作物产量，还形成动物、植物、微生物三者平衡的生态农业系统，可谓一举多得。相比美国、欧洲等一些奶业发达的国家，奶牛生产必须配套饲草饲料地，种养结合的奶牛生产方式十分普遍，即使在土地资源稀缺的荷兰、日本等国家，种草养畜也十分受重视，只不过不同国家根据资源禀赋不同，配套的饲草料比例不同。当前中国的奶业养殖处于转型时期，随着奶牛养殖的不断发展，奶牛粪污处理和环境保护等问题越来越突出。所以，在未来发展奶牛养殖业的过程中，必须实行农业和牧业的结合。我国幅员辽阔，可以针对不同地区的特点进行规划，如在大城市郊区，土地资源紧缺，可考虑发展集约化规模养殖；在农区和牧区，可利用草地、山地和耕地，发展种养结合的奶牛养殖模式，提高奶牛生产的质量效益。

### 8.2.4 健全的社会化服务体系

在确保奶业生产稳定有序的过程中，澳大利亚的奶业主要实行以牧场主自愿组成的奶牛合作社和各专业协会相结合的行业管理、社会化服务模式，涵盖了奶业的产前、产中和产后三大环节。养殖户们自愿组成或者是加入各种类型的合作社，有时一个农场主往往会在不同的经营环节上同时参加几个不同的合作社，据统计平均每个农场主参加 2.6 个合作社。这样一来，养殖户们便与合作社形成了一种横向的、扇面型的多层经营体制，其行为贯穿于整个产业链的始终。总之，从澳大利亚奶业发展的经验来看，独立且关联的奶牛协作组织已成为奶业产业化良好的组织载体，成为奶业产业链中连接龙头加工企业与奶牛养殖户的纽带，它把分散经营的奶农通过交换相联合，形成规模经济，使农户获取规模效益，有效地提升了奶业产业化的整体水平。目前我国奶业发展迅速，但为奶业生产服务的专业化协会（组织）、提升奶农话语权的合作社以及研究行业特点和指导行业发展的机构还非常稀缺，可以说，奶业发展的成熟度还不够，这就需要政府、企业和有关单位的重视和努力，通过不断完善和推进与产业发展相匹配的社会化服务体系，促进我国奶业协调有序发展。

## 8.3 新西兰

新西兰地域广阔人烟稀少，水草资源丰富，发展畜牧业尤为适合，所以新西兰的奶牛养殖业比较发达。据统计，新西兰 2010 年存栏奶牛 460 万头左右，占全世界奶牛存栏量的 2%，但其乳制品出口量占全世界出口量的 33%左右。

### 8.3.1 放牧式的适度规模养殖模式

与澳大利亚相似，新西兰的草原和土地资源非常丰富，尤其是拥有高质量的草原牧场。新西兰的适宜气候以及其茂盛的牧草使得新西兰也可以成为全年放牧的地方。新西兰 1840 年开始建立奶牛牧场一直到今天，新西兰的奶牛养殖模式（牧场放牧饲养）都变化不大，略微变化的就是奶牛群的奶牛在不断增加。这种模式避免了圈养的种种弊端，既不需补充昂贵的饲料，降低了饲养成本，又保证了优质营养的牧草，提高生鲜乳的质量，使得乳制品质量非常安全。相比欧美等发达国家的奶牛养殖，新西兰的奶牛放牧具有较大优势，包括

①牛舍等基础设施投资少，每千克牛奶固形物成本低。②良好的饲养环境。③劳动力成本低。新西兰牛奶总产量的增加主要表现在奶牛头数的增加，与美国、以色列等国家追求奶牛高单产水平形成非常明显的对比。

### 8.3.2 奶牛养殖和加工一体化经营

新西兰的一体化经营模式实现了各方利益最大化，奶牛和乳品企业主要有两种不同的合作模式，一种是奶牛场参股乳品企业的合作制模式，另外一种是奶牛场和独立的乳品企业通过合同收购的方式进行合作。其中第二种模式是目前新西兰乳品加工企业的主要内容，这些合作制乳品企业自身也属于这些提供奶源的奶农所有。96%以上的奶牛养殖企业与乳品加工企业之间是股份制的经济联合体，独立的乳品加工企业只占新西兰原料奶收购的3%左右。在初期新西兰乳品加工的企业主要包括一些私人拥有企业，但是随着奶牛养殖的不断发展，私人拥有的乳品加工企业不断受到限制，其数量不断减少，然而合作企业的数量不断增加。目前，新西兰的乳品加工业占据主导地位，也受到牧场主的欢迎。几乎所有的新西兰奶农将生鲜乳提供给他们的合作制乳制品加工公司。因为拥有加工企业的所有权，牧场主在产业链中的地位和收益有了保障。奶农依据合同向企业供奶，企业根据国际市场行情，以尽可能高的价格向奶农支付奶款，企业加工增值所获取的利润定期给奶农分红。

## 8.4 美国

美国奶业发展的自然资源和环境优势较大，如威斯康星州（WI）和加利福尼亚州（CA）是奶业发达州，这两个州的奶牛养殖业在全美国都具有借鉴和推广意义。在美国威斯康星州，有泌乳牛125万头，有小型家庭奶牛养殖场多达18 000个，养殖规模都是以100头左右的家庭经营的饲养方式为主，占养殖场的97%。最具代表性的另一个州——加利福尼亚州——有泌乳牛181.3万头，但是其养殖模式主要是以大型奶牛养殖场为主。中国奶业现在面临国外奶业冲击，比较优势低，新西兰、澳洲等奶牛养殖对中国冲击巨大。中国奶业质量安全同样引发国内消费者担忧。如2008年发生的三聚氰胺奶粉事件对奶业生产是一个沉重打击和挑战，这需要我们规范奶业生产，加强国内的规范化、标准化养殖场管理。借鉴美国的经验，发展适度规模经营。因地制宜，充分借鉴国外资源、技术要素优势，兼顾国内生产的实际和资源状况，走一条适度规模经营，因地制宜的中国奶业发展模式。美国奶牛养殖主要分为以下几个特点：

### 8.4.1 奶牛繁殖和 DHI 体系完善

优良遗传基因，和优质奶牛品种资源是发展奶牛养殖业、确保奶业安全的基础。美国高度发达的奶牛业，主要归功于先进的奶牛育种体系，所有一切，都是建立在优质良种的基础之上。美国具有完善优质数据库，该数据库有着详细的奶牛遗传资源信息。DHI 是测量奶牛生产性能的主要方法，在美国测定一头母牛需要一个月支付 1.5 美元左右，DHI 检查仪器主要是奶牛养殖场自己购买，而主要指标评判是全国通用的。数据库含有奶牛养殖场生产、品种信息、DHI（奶牛生产性能检测）、种公牛后裔测定、防止疫病情况及其治疗信息、乳制品加工情况，该数据库完全免费，为奶牛养殖户提供实时关注，并与其分享其他养殖场数据，为奶牛养殖场扩展自身业务和奶牛养殖场管理水平提供科学依据。美国在全国范围内普及良种登记和 DHI（生产性能测定），并对种公牛后裔进行测定，保障了良种资源的保存和延续。后裔测定的主要目的在于，通过测量其母牛的生产性能来评估种公牛的质量水平。DHI 测定为奶牛养殖场提供了科学管理的最佳依据。由于 DHI 测定的应用，增加奶牛养殖场科学管理标准，因此，奶牛养殖场对 DHI 测定很配合。DHI 工作主要目标完成后，会对奶牛进行一次外貌评定。只有达到某一标准之后，奶牛才能被同意使用胚胎，奶牛外貌与其健康水平和年龄密切相关，而且决定主要生产能力和潜力。奶牛外貌鉴定对于评价奶牛经济价值评定提供辅助功能。另一方面，美国具有各个奶牛养殖场的生产性能测定记录，并建立了完善的体系。数据主要是通过奶牛信息计算机网络节点，将信息汇总到其他地方信息平台，这些节点主要是靠政府财政支持，信息平台日积月累地将数据资料汇入国家信息处理中心，美国农业部通过组织相关研究人员对数据进行整理和分析，并将研究成果及时公布分享给奶牛养殖场，并鼓励奶牛养殖场将先进的评价成果应用在养殖技术上。奶牛养殖场将根据奶牛遗传评估分析结果。利用实时有效的科研成果，对数据进行充分利用，指导奶牛养殖场的生产和繁育。

### 8.4.2 奶牛养殖场生产高效集约

高效的生产和集约水平离不开科学高效的管理技术和丰富经验。科学先进的奶牛养殖场管理体系是管理的基础，是美国奶业领先其他国家的主要原因。奶牛养殖场综合有效管理是复杂而庞大的，养殖生产相关的管理包括牛舍环境综合管理、奶牛饲养管理、奶牛繁殖管理、奶牛疾病预防管理、牛奶质量控制等。大型奶牛养殖场主要是通过小型家庭农场和小型养殖场演化而来，奶牛养殖场往往具有较为丰富的养殖经验。另一方面，在奶牛养殖方面积累了丰富的知识和生产管理经验。由于劳动力比较昂贵，美国奶牛养殖场集约化水平很高。奶牛养殖场经营者都把如何节约劳动力和降低生产成本放在重要位置。奶牛养殖场生产流程使用自动化，劳动生产率较高，人均饲养奶牛规模高达100～150头泌乳牛以及相应的干奶牛、后备牛等。例如在美国一家老养殖场奶牛养殖场，工作人员6人，奶牛养殖场养殖规模600多头。奶牛养殖人员配置也较有重点，挤奶工和饲养管理人员数及奶制品生产和销售都达到最优配置。高度的机械化和集约化加上科学高效管理，降低了生产成本，获得高效益。

### 8.4.3 奶牛饲养管理精致

受到美国整体农业发展特点影响，美国农业人口仅为全国总人口的2%，奶牛养殖场独享大片土地，可用以种植奶牛饲料，如玉米和苜蓿草，因而奶牛养殖场具有丰富的饲料来源，苜蓿草、玉米青贮等奶牛饲料来源十分充沛，质量也非常好。青贮饲料管理水平较为严格，如玉米，要求玉米含水量不超过60%，玉米粒蜡熟50%～75%左右，对于玉米切割长度也有要求，玉米主要采用贮仓、贮藏袋、真空袋、捆包等方式制作，用大型机械压紧密封。这种方式能够有效防止营养物质被氧化和减少可溶性蛋白流失，奶牛养殖场制作出来的青贮发酵程度得当，香味浓郁。美国奶牛养殖场对饲喂也有严格研究，全部采用TMR饲喂，以优质的苜蓿干草和玉米青贮为主，给料上也完全采用机械化给料，自由采食。饲料配方根据泌乳牛、干奶牛、新产牛等不同品种，并在不同时间段，给予不同营养水平和饲料供给，如能量、纤维、蛋白等营养需求调整。奶牛养殖场通过检查分析奶牛饲养巢中的饲料剩余分析奶牛口味变化和偏好，通过粪便化验测定奶牛食物残渣，测算奶牛的饲料消化情况，及时调整饲料配方。在美国奶牛饲料成本约占养牛总成本的25%～30%。充沛的饲料来源、严格的质量控制和科学的饲喂方法，获得了健康高产的奶牛和高质量的牛奶，这是美国奶牛养殖业在高成本经营下仍然获利的主要原因之一。

### 8.4.4 合理设计的牛舍

奶牛养殖业的基础设施牛舍和牛场，是实现高效管理的重要因素。目前，美国现代牛舍比国际典型牛舍要宽30～40米，檐高4米、脊高9米，两侧屋顶在脊中央距离约60厘米，这种设计使得牛场具有天然的良好通风。中间房子过道大约宽6米，将牛舍分开2区，还有两道三排供奶牛休息。为减少足部疾病，奶牛养殖场用干细砂和木屑等物铺垫，使得奶牛能够充分休息；饲喂和休息区是在不同区，为了保证奶牛在舒适状态，牛舍使饲养后奶牛可以自由采食休息。由于奶牛舍空气温度较其他地方高，所以安装了淋浴、空调和风扇等降温设施，自动控温。奶牛养殖场的每项设计都是以保证奶牛舒适为前提。这么做的主要目的是为了防止奶牛热应激，增加奶牛安全健康指数，保证奶牛质量达标。

### 8.4.5 科技转化和社会化服务水平较高

美国非常注重奶牛养殖的科研转化情况，科研服务主要涉及品种繁殖、选育、疫病治疗及预防，以及乳制品如何保鲜等方面。各科研院所都致力于提高原料奶质量、乳制品附加值和质量，将实验室成果应用到实际生活当中去。如美国农业部下属奶牛研究中心专门致力于奶业产业研究，其研究经费主要来源于政府捐赠。美国有自己独特的推广体系，其大学教授和研究人员都亲自进行成果推广，并深入到奶牛养殖场进行实地研究，解决实际问题。推广人员丰富的工作经验和科研水平，使得奶业科技水平含量很高，与之相对应的经费也十分充足，经费全部来源于各级政府。

### 8.4.6 生产服务体系完善

美国奶牛养殖业分工非常细致，如奶牛养殖场有专门的饲料管理服务机构，为奶牛养殖业提供了技术支撑。美国一些州主动组成奶牛养殖委员会，农场主按比例向委员会交付会费。农场主可以通过奶牛委员会获得最新信息。奶牛委员会同样发挥着推广产品的作用。奶牛养殖场种奶牛妊娠诊断和疫病防治都是通过专门服务公司完成。

### 8.4.7 奶产品销售服务体系完善

牛奶和奶制品的价格是根据市场供给和需求决定的。政府不干涉价格，特殊情况下，政府采取措施购买乳制品均衡价格。牛奶从收奶公司购买并出售给奶制品公司。生产的产品进入超市销售网络。牛奶购买、运输、储存、加工、销售等各个环节拟合在一起，以便减少乳制品行业的风险，使收益增长。

牛奶经过严格的质量控制和产品安全检测。奶农和工人都经过生产设施、产品、环境、健康和产品质量安全教育。经过长时间的教育，所有人员形成了习惯，牛奶生产安全等级得到提高，奶农和工人责任心加强，实现标准化操作。

农场环境、设备、原材料的健康检查很仔细。美国在 20 世纪 20 年代就有牛结核病（TB）出现，通常在乳品设备、环境卫生、消毒设备等原材料上检验。为了在投入使用前确保安全，会对挤奶设备、奶牛身体进行消毒和检查。先清洗、消毒挤奶设备，检查牛乳房、牛奶清洁度，干燥、消毒乳房，然后擦干牛奶，牛奶消毒后清洗乳房，确保牛奶不受污染。

每天对牛奶抽样检查。主要是检查抗生素、体细胞、牛奶脂肪、牛奶蛋白、细菌，如常规检查达到标准后牛奶才被收购。如不达标，需要找出原因并加以调整，直到牛奶收购公司批准购买。如果不合格的牛奶与普通牛奶混合，收购公司不仅要赔偿，而且还要支付不止一倍的罚款，直到他们被起诉到法院。农民非常自觉地禁止使用药物。连续几天检查抗生素使用情况，农民达到标准后方可销售。由于农民和员工自我意识强，加上严格控制生产的各个环节，保证了新鲜牛奶是安全的。有机牛奶生产更加严格，饲料等各个环节都没有污染，确保质量。如果奶牛生病或对其使用了药物，农民将自动出售或屠宰，从来不去挤奶，确保有机牛奶的质量。

每个节点都有一个监督检查人员有意识地检查。首先是农民自己，其次是牛奶收购公司检查员。检查环境卫生、设备、完成消毒记录是否真实、产品（包括农场使用药品试剂）检验是否合格。国家农业部不定期地对农场和牛奶收购公司进行检查，检查工作是否到位，产品是否合格。国家农业部还派遣核查人员检查每一个生产环节的审计。每两年美国农业部派出检查人员，县牛奶收集公司检查农场的工作。通过各级政府的每个节点检查监督，以确保原料奶和奶制品的质量安全可靠。

### 8.4.8 科技转化促进奶业发展

美国政府高度重视奶制品实用技术研究和推广，各种科研机构和大学的研究成果将直接用于生产。如某些教授直接在奶牛场生产第一线服务，将最新的科学研究成果付诸实践。同时在课堂上和培训会上接受奶农直接提问，专家和技术人员现场解决互动培训，这是培训的主要方式和特点，可以有效地解决生产实践中的问题，也使专家和技术人员更好地开发和研究新课题。这具有重要意义，将促进乳制品行业持续发展。

### 8.4.9 健全的奶牛协会、合作社，提高奶农的组织化程度

乳制品行业基于美国的家庭农场、协会或合作社的支持，以企业生产为中心，广泛吸收其他公司或组织完成建设和运营。几乎所有奶农都参与特定的生产合作社或贸易协会。一些合作社建立了直接加工企业，实现产销一体模式，更好地保护了奶农的利益。

## 8.5 荷兰

荷兰目前共有近2 400个奶牛场，其中大部分属于各个家庭。目前，荷兰有150万头奶牛，有近100万公顷的牧场，有23.5万公顷的玉米。荷兰牛奶年产量约为1 100万吨，所有的新鲜牛奶加工都汇集在55家乳品企业。荷兰乳制品在国内消费仅为40%。其余的都用于出口。荷兰养殖业发生过一件大事件，早在20世纪80年代，为了更好地保护自然资源，欧盟委员会已经建立了限制生产牛奶的个体成员数量政策，即牛奶生产配额。

从那时起，荷兰每年只能生产1 100万吨牛奶。欧盟牛奶配额制度实施之前，荷兰大约64 000个奶牛场，到2005年，奶牛场已经不到24 000个。奶牛场数量的减少同时也意味着奶牛养殖场的规模大大增加，奶牛产量潜力已经得到了很大的提高，从初年产5 000千克增加到75 000千克。现在，牛奶脂肪的平均含量达到4.4%，牛奶蛋白质含量平均为3.5%。荷兰被称为牛奶、黄油和奶酪故乡，是世界上最大的奶酪、黄油和奶粉出口国。从19世纪30年代到2000年，荷兰人口翻了一番，但牛奶产量增加了三倍，牛奶产量增加的速度超过了人口增长的速度。特别是在19世纪60年代，荷兰乳品业专业化、机械化、农业规模程度提高，混合牧场逐渐转化为专业农场。目前，荷兰60%的土地用于奶业发展。牛奶收入占荷兰农业收入的30%。乳制品行业还提供了60 000个工作岗位。有26 000个奶农饲养150万头奶牛。95%的新鲜牛奶加工成奶酪、黄油、奶粉和奶制品。60%的牛奶产量后加工成乳制品销往境外。全国有160家批发商、6 750个零售商从事牛奶和奶制品的销售。

目前，荷兰奶牛养殖业处于发展成熟阶段。其特点是“两个负两个高”：奶牛数量减少，从事奶牛养殖户减少；奶牛育种技术提高，牛奶产量增加。自1990年以来，奶牛养殖场的规模增长了68%，直接表现为单个农场牛奶生产和奶牛数量增加。一般牧场配额为56头。但更大的牧场奶牛配额超过70头，且有数量增加的趋势，占总养牛家庭的28%。

荷兰奶牛主要品种菲仕兰·荷兰奶牛，特点是黑色，黑白相间，少量的红色。荷兰每年出口大约50 000头牛，成千的冷冻胚胎和135万剂冻精。目前黑白花荷斯坦·菲仕兰牛占95%。荷兰奶牛育种中心合作性质的组织，拥有超过33 000名成员。健全的荷兰乳制品加工、乳制品贸易在世界上有很强的竞争力，每年乳制品出口获益37亿欧元。出口的主要市场是欧洲，约占出口总额的三分之二。

荷兰是乳制品出口国，也是在乳制品进口国。因为地处交通要道，很多乳制品从荷兰转运到欧洲和世界其他地区。奶酪是一个荷兰生产的主要乳制品，50%的牛奶生产奶酪。每年生产约64万吨。大多数奶酪出口到欧盟成员国，占出口总额的84%，其中德国占出口总量的37%。此外，美国、日本、俄罗斯和墨西哥也是主要的奶酪出口地。炼乳是荷兰的另一个主要产品。它的产量占全球贸易的30%。但由于欧盟市场的影响，生产一直处于下降趋势。2002年生产27.7万吨，出口22.3万吨。主要输出地区是第三世界国家。乳制品行业是荷兰非常重要的行业，主要产品为全脂奶粉。奶粉生产2002年下降了7%，达到16.3万吨。全脂奶粉主要出口地区是第三世界国家，约为90 000吨。脱脂奶粉下跌6%，约60 000吨。脱脂奶粉下降主要是在欧盟成员国出口下降。出口到欧盟以外的数量占出口总额的54%。中东是一个传统的出口，主要包括阿拉伯国家。另一个市场是非洲、安哥拉、刚果、吉布提等。

荷兰的牛奶质量监测系统在16世纪初建立，在1723年颁布了《掺假牛奶和奶酪加工法》。在20世纪初，建立了第一个牛奶和奶制品官方监控中心。现在形成一个完整的监控牛奶系统。因为荷兰是世界上把牛奶和奶制品的质量看得最重的国家，乳制品生产加工遵守严格的质量标准。荷兰政府负责牛奶生产过程的质量监督。根据欧盟和荷兰政府法律，对牛奶和奶制品的监控都要分开进行。设置多个官方牛奶监控中心，包括荷兰牛奶和奶制品控制中心、公共卫生和兽医监测站以及国家畜牧业监测站和饲料质量服务站，这些都是保证荷兰乳制品质量的基础。

荷兰奶牛场质量保证基金负责监控奶牛场工作。该基金会的成员是加工业和农民协会的成员，对动物健康、福利和良好的营养、环境状况颁发证书。对养殖场的具体要求有：奶牛设备条件和喂养水平高；兽医严格按照兽医工作条例开展兽医工作；兽医记录做出的诊断并予以治疗，接受药物治疗后的奶牛产的牛奶在一段时间不能送到乳制品公司；奶牛舍和牛奶存储状况达到标准，农场应采取严格的清洁和消毒措施；要求符合奶牛场周围环境标准。荷兰监测站负责监控牛奶样品。荷兰牛奶控制中心负责监控牛奶和奶制品的污染物。当每批乳制品、牛奶送到乳制品加工企业时都随机抽样，将所有的牛奶样品发送到奶站，控制检验合格后送到企业。每年数以百万计的牛奶样品在测试站测试。监测包括：体细菌、冰点、脂肪酸、细菌的数量、抗生素、酪酸菌的数量，感官清洁度。此外，作为预防措施，经常监控牛奶中的有害物质，如黄曲霉毒素、重金属和农药残留等。发现质量有问题，将立即停止牛奶生产。荷兰乳制品机构本身的牛奶质量标准比欧盟标准严格。

荷兰牛奶及奶制品控制中心负责乳品加工厂的质量保证工作。根据国际标准对所有的成品进行抽样并在化验室中监测分析质量。主要监测的内容包括：组织结构、添加剂、微生物质量、污染物、外观、气味和味道。

## 8.6 本章小结

为了加快发展我国的奶牛养殖业，借鉴以色列、新西兰、澳大利亚等国家和地区的乳业发展模式非常必要。在这些国家中，当地奶农与乳制品公司的关系极其密切，上游奶农集体组合成一个合作社，专攻奶牛养殖、生鲜生产，但同时这些奶农又是中游乳制品加工、销售公司的股东。这种情况下，一旦消费市场受其他方面的影响发生变化时，上游养殖户能迅速获得信息，及时作出生产调整；而生产加工环节也能凭借获得的信息，对过剩生产的鲜奶进行生产调整，从而避免“奶荒”或“倒奶”情况发生。

另外，我国奶牛养殖应建立一体化经营模式，提高抗风险的潜力。但要具体实施，又需要以规模化养殖为前提，或使奶农组合成规模化养殖场。农业部提出，力争到“十三五”末全国奶产量达到 4 080 万吨，年均增加 40 万吨；奶牛存栏 100 头以上的规模养殖比重达到 60%，分别比现在提高 15 个百分点，使规模养殖成为畜牧业主导力量。

目前，我国欲推广采取如新西兰等国的企业一体化经营模式困难很大。国内很多中小乳业公司，一般都不具备蒙牛、伊利这样的实力，可从养殖、生产、加工、销售、终端整个链条上做下来。即使像蒙牛、伊利这样的大企业，他们也不可能全产业链做下来。乳业本身是一种产业链很长的产业，包括种草、养殖、育种、防疫、加工、销售、终端等，同时乳业又是一个高度分工的产业，从产业发展规律、经济发展规律来看，一个企业不可能全环节包揽都做。另一种模式即养殖户成为乳品加工企业的股东之一，或乳品加工企业参股牧场，应该可以得到应用和推广，但这首先要求奶农们与企业要建立对等关系。但是，目前很多上游奶农都达不到这种平等地位，奶农们的资产偏小，他们最大的资产就是奶牛，但奶牛不值钱，无法与上百亿市值的乳企合作参股、入股。

参考澳大利亚奶牛养殖业的经验，使土地可以流转，家庭牧场、农民组合成合作社，将土地流转起来进行规模饲养，合作社拥有一定规模的土地后，又可以凭此向银行和机构融资贷款，对牧场进行投资、扩大建设，使牧场达到标准化、现代化，这样奶农们就可以和乳企建立对等关系，“利益分享、风险分担”的有效合作一体化模式才会出现。

奶牛养殖过剩在全球并不少见，各国处理方式和方法也差异甚大，美国、欧洲国家和巴西等国家和地区防范奶农养殖风险的经验，对中国有所启示。

①美国奶农保险政策　当牛奶市场价格低于目标价格的时候，美国相关部门收购奶制品并储藏起来，从而保证牛奶价格能够保障奶农收入不降低，不损害奶农利益。当牛奶收购价上升时，到达高于目标价的时候，政府将出售库存原料奶、乳制品等，以维持牛奶价格和奶制品市场基本稳定。美国全国奶业联合会提出奶制品利润保障计划，不再支撑奶制品价格，除奶制品利润保障计划外，美国农业部还有牲畜毛利润计划可为养殖场利润提供保险。

②欧盟建立新的市场管制架构　欧洲农民用倾倒牛奶的方式抗议奶价下跌，法国政府为此向畜牧业追加拨款应对危机。短期措施有增加对奶油、奶粉和奶酪的出口补偿；长期的措施则包括欧盟干预全年的牛奶销售以及签订奶农和牛奶商之间的合作协定。

③巴西政府紧急收购过剩牛奶　巴西最大龙头企业帕玛拉特公司申请破产保护，影响了一大批奶牛养殖户，为解决奶牛养殖户的困难，巴西政府让国家开发银行紧急提供贷款。另外在国际市场价格低迷时，政府也会限制进口以保护国内市场，或者宣布实施最低保护价保护巴西奶业。

# 9 结论和政策建议

## 9.1 结论

本书以原料奶生产生产率作为研究对象，基于我国奶牛饲养的历史演变和投入产出状况，测算 2007—2012 年技术效率的变动趋势和增长方式，总结了全要素生产率的时间和空间差异特征，并进一步剖析了技术效率的变化及影响因素，以及生产要素的产出弹性和规模报酬状况。总的来看，得到如下基本的研究结论：

第一，原料奶生产布局呈现明显的区位移动和区域集中趋势。奶牛饲养区域集中和区位移动趋势显示，我国奶牛饲养逐步集中于东北地区、华北地区和西北地区。同其他农业生产区域移动和集中一样，奶牛饲养的区域移动受奶牛饲养的自然条件影响，同时受饲料资源的制约。我国华北和东北地区有巨大的农作物生产潜力，为畜牧业发展提供了丰富的粗饲料资源。同时，我国东北地区和华北地区也为奶牛饲养提供了适宜的气候条件。在自然、社会和经济等因素共同作用下，奶牛饲养的区域集中和区位移动的结果，使我国的奶牛饲养区域布局逐渐得以优化。

第二，奶牛饲养规模发生明显变化，散养比重仍然偏高。我国农户散养、小规模饲养、中规模饲养和大规模饲养的存栏头数所占比例，大约依次为 40％、30％、20％和 10％，农户散养仍然是我国奶牛饲养的主体，大规模饲养规模仍然处于辅助形式。从产量份额的变化看，散养的份额正在快速下降，而中规模、大规模的份额上升速度开始加快。与此同时，比较不同饲养规模的成本和收入，发现随着生产规模的扩大，每头奶牛饲养的总成本、总收入和净利润同步增加，即大规模饲养获得的净利润最高，农户散养的利润水平最低。可见，拥有产量份额最高的散养方式，其利润水平反而最低，这无疑就加剧了我国原料奶生产的波动性，不利于缓解当前的原料奶供求矛盾。

第三，奶牛养殖业劳动过度投入，劳动生产率水平较低。通过以上研究表明劳动力产出弹性为负值，说明我国奶牛养殖业整体近六年内劳动力是过度投入的。因此，如何提高劳动生产率是奶业养殖面临的最大问题。而劳动生产率的提高最有效途径就是通过技术进步。

第四，奶牛养殖业资源利用率较低，适度规模经营提升空间巨大。当前资本投入回报处于规模报酬递增阶段，应当进一步扩大再生产。另外，精饲料和粗饲料并未做到充分利用，进步空间巨大，如何优化精饲料和粗饲料配比，对奶牛进行精细化养殖是下一步奶牛养殖的重点。

第五，各规模养殖场（户）投入产出情况各异。对比各饲养规模间差异，发现养殖规模和精饲料弹性成正比，和劳动力、固定资产和青粗饲料投入情况呈反比。结果表明小规模养殖户和散户在资本投入、精粗饲料投入方面进步空间巨大，如何引导中小散养殖户进行标准化建设和生产，发展适度规模经营成为下一步的重点方向。

第六，奶牛养殖业生产效率损失大部分来源于技术非效率。散户 $\gamma$ 值为0.89，表示其生产效率损失中89%都是由于技术非效率引起，而中规模仅有0.32。散户和中大规模相比，技术非效率较高，表明散户在劳动力利用，饲料调配及卫生保健方面都和大规模养殖户差距甚大，引导散户向中大规模养殖户集中是提高技术效率的重要手段。

第七，中规模养殖最具成本一级概率优势。散户大多以降低产量或不自觉降低质量造成成本低于中小规模养殖户现象，但这一现象不能说明其具有绝对成本优势。中规模养殖户是各养殖模式中最具成本一级概率优势模式。大规模养殖户却具有最高全国平均FSD值，这是由于机械化生产，统一的饲料、防疫及技术服务，高生产效率和管理水平，集中的粪便处理等标准化规模养殖导致其成本高于中小规模养殖户。但是大规模养殖户高成本之下带来的是高质量和高产出。

## 9.2 政策建议

通过前七章的分析和研究，从奶牛养殖模式的历史变迁，从奶业发达国家的经验介绍，从奶业重点省区调研的案例分析，以及通过监测数据的定量分析，认识到目前中国奶牛养殖业存在有许多亟待解决的问题，同时对中国未来奶牛养殖业的发展方向有了一个清晰的认识，在此，提出中国奶牛养殖业未来需要重点把握的几个问题，希望国家有关部门能重视并能采取必要的手段和措施，引导和推进我国奶牛养殖业的健康发展。

推动散养和小区饲养模式向规模养殖转变，有利于提高生产水平和效率，增加农民收入；有利于加强生鲜乳的质量控制，提升乳制品质量安全水平；有利于提升疫病防控能力，降低疫病风险，确保人畜安全。因此，中国奶牛发展迫切需要转变发展方式，由散养模式向养殖小区转变，进而向适度规模养殖转变。要把握好进度，有条不紊地推进。从长远发展来看，规模养殖在提高饲养管理水平、保证生鲜乳质量安全、提高养殖效益等方面具备散养和小区模式不可替代的优势，但我们要清醒地认识到，目前我国奶业还处在发展的初期，奶牛养殖业基础还很薄弱、与之配套的软硬件建设、技术体系、人才队伍建设等还需要一个过程，因此，推进转变不能贪大求快，要根据地方发展的实际情况有序推进。第二个问题是奶牛规模养殖的数量要因地制宜。我国幅员辽阔，不同地区的资源禀赋条件各异。在加快发展规模养殖的时候，并不是发展规模越大越好，更要看奶牛场配套的饲草饲料地的大小、周边环境的承载能力，同时还要考虑周边是否有配套的乳品加工厂，做到经济效益与生态效益的统一。第三是要解决好合理布局的问题，当前我国奶业发展南北不平衡，在我国南方，人口稠密，乳制品需求潜力大，而奶牛存栏头数少，生鲜乳产量相对不足；而在我国北方地区，奶牛养殖业相对发达，奶牛存栏量也多，生鲜乳产量大，但人口却没有南方多，市场需求不如南方地区，特别是东南沿海地区是消费能力最高的地区。因此，合理地布局中国奶牛养殖业非常有必要。对于具有传统奶牛养殖优势的北方地区，可以给予必要的技术和政策方面的支持。而作为奶牛养殖业发展相对较弱但是消费潜力较大的南方地区，可以考虑开发引进适应当地气候条件的奶牛品种，促进奶牛养殖业的发展，以缓解奶业发展“北多南少”的现状，让南方城乡居民也能饮用品质优良的牛奶。

主要方法涉及以下十个方面，

### 1. 转变原料奶生产的发展方式，提高全要素生产率在产出中的贡献

我国原料奶生产主要依靠增加生产要素的投入，即增加投资、扩大饲养规模、购置机械设备等，因此带来环境污染严重、粮食大量消耗、经营收益下滑等一系列问题。因此，我国奶牛饲养技术进步和技术推广的整体指导思想应当是：当全要素生产率增长远远低于技术进步增长速度时，应当适当考虑推广新技术以提高技术效率，以提高全要素生产率水平；相反，当全要素生产率增长远远高于技术进步速度时，应当充分着重考虑技术效率改善的促进作用，同时提高整个行业的技术进步速度。可见，提高我国原料奶生产的全要素生产率增长速度，需要结合当地的自然条件、农作物生产结构、乳牛品种等因素，恰当地选择促进全要素生产率增长的具体方式。

### 2. 加强奶牛饲养的技术推广和技术培训，切实提高奶牛饲养的技术效率

研究发现，我国原料奶生产的技术效率的提升还有较大的空间，而且地域间差异显著。由此表明：在既定饲养技术水平和现代成功技术在广大地区传播情况下，要实现全要素生产率和技术进步的同步增长，关注最佳奶牛饲养生产

实践技术的运用，是政策制定者和业内人士需要优先考虑的问题。对于国家和地方政府，应当加大对广大奶牛场的科技和质量检验培训，逐步形成奶业协会、大中专院校、培训机构和地方服务站点等组成的综合性服务体系。对于奶牛饲养农场，应当适度地裁剪冗杂人员，控制生产成本的大幅度上涨，积极引进高素质技能人才，同时要更充分注重现有人员的教育和培训。大力落实奶牛良种补贴、饲草收贮加工、粪污处理和挤奶机械购置补贴以及种奶牛场和标准化规模养殖场（小区）建设等各项扶持政策，加大对奶业的扶持和保护。完善奶牛保险制度，减低养殖风险。加大对奶牛养殖大县的扶持。鼓励和扶持牧草良种推广工作和优质饲草料基地建设。加大对奶牛养殖农户、奶农专业合作社和乳制品企业的信贷支持。积极发挥公共财政资金的引导作用，吸引社会资本投资奶业，建立多元化投融资机制，为奶业持续健康发展注入持久活力。

**3. 鼓励农业科技创新，加快技术进步步伐**

一是促进科技创新研究和成果转化，提高奶业发展中的科技贡献率，主要是指在科研项目上重点鼓励良种繁育技术和饲料饲草技术的开发与应用示范，如优质奶牛良种选育技术集成与应用、饲草新品种引选与青饲料轮供技术、奶牛饲养管理关键技术、营养调控技术、胚胎移植技术等基础和应用研究；二是建立和完善技术创新机制，包括技术创新的激励机制、技术扩散机制、技术研发投入的风险机制以及学习和引进机制等；三是确立企业的技术创新主体地位，积极鼓励大型奶牛场建立研发中心，选拔一批经济实力强、技术含量高、市场前景广阔的科技示范点，重点给予政策、资金和技术支持。

**4. 完善要素市场的流动机制，提高资源配置效率**

提高生产要素的资源配置效率，促进生产要素高效率、高质量的流动，也是提高原料奶生产的全要素生产率的重要途径。具体措施包括：一是合理引导区域间的产业布局，打破区域封锁，实现优势资源互补；二是培育新时期的知识型农民，完善农民工的教育、医疗等社会保障体系，提高农民的知识文化水平和思想素质，保障劳动力资源的合理配置；三是在公共资本的投入上，应当尽可能快地实现城乡统筹，协调公共资本在城乡之间的流动，实现公共服务提供上的相对均衡；适当协调政策性金融、商业性金融、民间金融之间的关系，从而构造自主、有效运作资本主体；四是建议实行原料奶价格保护，从流通领域保障资源的高效持续配置。优化和调整资金支持与补贴的方向，着力解决融资瓶颈。作为技术与资本并重的奶牛养殖业，需要多方面拓宽融资渠道，解决设备购置与更新、圈舍改造、良种奶牛引进过程中遇到的资金难题。对经营基础好、优质奶牛比例高、经营管理规范的奶牛场，可以考虑给予贷款担保、利息补贴等信贷支持。另外，还需要加大对农户散养和小规模奶牛饲养的金融政策倾斜，以提高资金的利用效率。

5. 因地制宜，积极探索适合地区发展的饲养规模，提高生产的规模效率

奶牛养殖逐步由农户小规模饲养向规模化饲养转型是奶业发展的必然之路，其发展方向无疑是正确的，但是发展规模化养殖并不等同于规模越大越好。尽管农户散养受到了诸多非议，但本书与张永根等（2009）的观点是相同的，即对农户散养采用“一刀切”的做法是不可能的，淘汰与限制散养的阻力较大。因此，合理的途径应当是：逐步淘汰一些零散的、防疫条件和技术条件都差的散养农户，同时帮助散养户走上其他谋生之路；对于布局合理、具有一定规模、饲养设施齐备、卫生防疫条件较好、生产水平较高的奶牛散养户，要给予必要的资金和信贷支持，引导奶农加入奶牛风险基金，增强家庭养殖抗御市场风险的能力。开发利用优质饲草，推进种草养牛模式。中国这几年奶牛养殖业发展迅速，但在发展中，也暴露出许多亟待解决的问题，其中比较突出的就是优质粗饲料生产供给不足。由于中国土地资源相对紧缺，许多奶牛场在新建的时候，往往只规划设计了奶牛生产的土地，没有考虑到周边饲料地配置的问题。随着奶牛规模养殖企业的不断增多，优质粗饲料供给不足，奶牛场污粪不能合理消纳还田的问题出现，这成为目前中国奶牛养殖业发展面临的最大阻力。荷兰发展奶业走了一条种草养牛之路。荷兰利用其本国资源特点种植大量的牧草，一方面很好地解决了饲养奶牛所需的优质粗饲料来源问题，同时将奶牛养殖产生的粪便作为有机肥还田，同发展生态农业有机地结合起来，真正实现了农业的可持续发展。奶牛是食草家畜，饲草饲料是发展奶业的基础，没有好草，就没有好奶。优质的粗饲料对保证奶牛的健康、高产，保证牛奶的品质是十分关键的。同时种植优质的牧草还可以改善土壤的肥力和土地的利用率，解决奶牛场粪便消纳问题，可谓一举多得。今后奶牛养殖发展必须科学规划，将奶牛生产和饲草料地配套，同时国家应该出台相应的政策措施给予积极支持和正确引导，以实现奶牛养殖业发展的优质、高效、可持续。

发挥区域优势，实施奶畜品种多元化。我国地域辽阔，资源丰富，地理气候和经济技术水平存在较大差异，在不同的区域，分布着适应不同地区环境的地方特色优质奶业资源品种。如广西的奶水牛，青海、西藏地区的牦牛，新疆的褐牛等，这些地方各自特有的品种适应性强，区域性特点明显，可以考虑发挥这些地方品种的特点和优势，满足多元化的市场需求。在推进奶牛养殖业发展的同时，要统筹兼顾，适时推进奶牛品种的多元化。当前，我国奶牛以荷斯坦为主，占到了奶牛总数的 90%以上。荷斯坦奶牛的主要特点是体型高大、适应性强、牛奶产量高，稳定性好。与此同时，乳肉兼用型的新疆褐牛、西门塔尔牛不仅具有较好的产奶性能，其乳蛋白和乳脂肪等干物质的含量也普遍高

于荷斯坦奶牛，同时又有较好的产肉性能，综合效益明显。还有南方的水牛、青海的牦牛，不仅乳蛋白、脂肪等干物质含量极高，而且环境适应能力强，具有耐粗饲，抗病能力强等特点，比荷斯坦奶牛更适宜在当地养殖和推广。同时牦牛、水牛生产出的特色乳制品由于产地稀少、味道独特，具有巨大的发展潜力和市场前景。为此，在发展奶牛养殖业时，要引导奶畜品种向多元化方向发展，建议国家在这方面给予资金和政策支持。利用好乳、肉及特色乳多种资源，细分市场，深挖行业发展的潜力，提高奶牛养殖的综合效益。

### 6. 完善原料奶市场价格的形成与传导机制

一是建立全国性的乳制品价格监测和预警平台，定期发布市场供需状况，提高原料奶生产对市场变动的响应速度，降低信息不对称所增加的风险成本；二是加大对原料奶市场的引导和监管，严厉查处故意打压和恶意操纵市场的事件，从源头上保障农户养殖收益水平，提高农户生产的积极性；三是建立奶质的第三方定价和监测机制，改善原料奶供求双方的契约关系，协调原料奶生产者与加工企业之间的利益分配。

### 7. 切实加强奶牛疫病防控

坚持生产发展和防疫保护并重的方针，加强奶牛的疫病防控工作，健全奶牛布氏杆菌病、结核病和口蹄疫等传染病的扑杀制度，积极开展奶牛疫病的防治与净化，提高奶牛疫病扑杀补贴。强化定期监测和重大传染病强制免疫，建立奶牛免疫档案。指导奶牛养殖户实施科学的防疫措施，建立完善的消毒防疫制度。加强乳房炎、蹄病等常见病的防治，通过转变饲养规模、推广新疫苗和兽药等措施，逐步降低奶牛常见病的发病率。

### 8. 强化奶业监管能力

贯彻落实食品安全、乳品质量安全监督有关规定，加大对乳品质量安全监管能力的建设，健全国家、省、市、县四级监督管理体系，完善乳品质量安全监督管理制度，明确监管人员，保障监管工作经费，提高执法能力。各部门按照职责分工，各负其责，密切合作，形成合力，确保乳品质量安全监管无缝对接。建立健全乳品质量安全举报投诉工作机制，发挥社会监管力量。

### 9. 做好奶业发展的调控和引导服务

加强生鲜乳生产、乳品市场和乳制品进出口等预警预测系统建设，强化信息发布，引导奶牛养殖户和乳制品加工企业适时调整生产结构。采取多种措施，支持奶农专业生产合作社建设，通过引导散养户“进区入园”，发展适度规模化生产。进一步扩大国产乳粉收储规模，完善乳粉临时收储政策，合理运用国际通行规则，减缓乳粉进口冲击，开展产业损害调查，建立救助补偿机制。完善生鲜乳价格协调机制和收购合同制度，鼓励各地推行生鲜乳第三方检测和按质论价。严格执行鲜乳、纯乳和复原乳标识制度，规范液态奶生产经营秩序。充分发挥各级奶业协会的作用，加强行业自律，推动企业诚信经营。

**10. 提振消费信心，扩大乳品消费**

加强正面报道，加大宣传力度，主动引导舆论，为奶业发展营造良好的舆论氛围。及时、主动、客观公布乳品质量安全监管的政策措施和乳品质量安全情况，科学回应社会问题，提振消费者的消费信心。继续推行“学生饮用奶计划”，加大推广力度，完善管理体制和运行机制，扩大学生饮用奶覆盖范围。积极开拓中小城市和农村奶制品消费市场，普及乳制品知识，倡导乳制品科学消费，依托企业购销网点和“万村千乡”等工程，扩大乳制品采购力度，并做好相应的配送工作。

# 参 考 文 献


巴依尔 . 2014. 新疆焉耆县兴农奶牛养殖专业合作社发展情况调查报告 [J] . 畜牧与饲料科学 (09) 74 - 79.

鲍学东，郑循刚 . 2008. 基于 SFA 的四川农业生产技术效率分析 [J] . 科技管理研究 (9)：80 - 82.

卜登攀 . 2011. 世界奶业形势及影响奶牛饲养的因素 [J] . 中国乳业 (1)：60 - 62.

卜卫兵，李纪生 . 2007. 我国原料奶生产的组织模式及效率分析 [J] . 农业经济问题 (6)：67 - 72.

曹暕，孙顶强，谭向勇 . 2005. 农户奶牛生产技术效率及影响因素分析 [J] . 中国农村经济 (10)：42 - 48.

曹暕 . 2005. 中国农户原料奶生产经济效率分析 [J] . 中国农业经济评论，3 (2)：126 -150.

陈连芳 . 2011. 我国规模奶牛场发展的潜力与展望 [J] . 中国乳业 (9)：17 - 19.

程漱兰，姚莉，崔惠玲等 . 2002. WTO 背景下的中国奶业发展前景 [J] . 农业经济问题 (03)：9 - 16.

丁筱净，张子琦，罗燕，李晓哲 . 2013. 中国奶业的"自我救赎" [J] . 北方牧业 (23)：6 -7.

杜拉提 . 2014. 奶牛养殖存在的问题 [J] . 新疆畜牧业 (12)：62.

范群芳，等 . 2008. 随机前沿生产函数在粮食生产技术效率研究中的应用 [J] . 节水灌溉 (6)：30 - 33.

郭建军，高玉红，邱殿锐，孙晓东，张久德，李晓滨，吴广军，金晓东 . 2014. 河北省奶牛舍建筑结构及其配套设施的调查与分析 [J] . 中国畜牧杂志 (22)：29 - 34.

郭蕾 . 2013. 奶业转型中的奶农将何去何从？ [J] . 农村 . 农业 . 农民 (B 版) (12)：45 - 46.

郭蕾 . 2013. 全方位看待我国奶业发展 [J] . 中国畜牧业 (24)：34 - 36.

姜红 . 2013. 浅谈农村奶牛养殖的困惑和思路 [J] . 养殖技术顾问 (12)：232 - 233.

李桦、郑少锋、王艳花 . 2006. 我国生猪规模养殖生产成本变动因素分析 [J] . 农业技术经济 (1)：49 - 52.

李玉波 . 2013. 奶业大区内蒙古遭遇奶源困局 [J] . 农村 . 农业 . 农民 (B 版) (12)：41 -44.

刘芳，路永强，何忠伟 . 2013. 北京市奶牛养殖业发展路径选择研究 [J] . 农业展望 (4)：60 - 65.

刘福元，王学进，张云峰，梁志峰，李吉堂，武飞，王宏伟，刘正山，赵宏 . 2013. 寒冷地区规模化奶牛场建设及粪污处理示范的调查分析［J］. 草食家畜（06）：20－25.

刘善斌 . 2013. 奶牛养殖业效益分析及其发展建议［J］. 农产品加工（学刊）（23）：55－60.

刘玉满 . 2010. 我国奶业及奶农生产专业合作社发展现状［J］. 中国畜牧杂志（10）：39－42.

刘玉满 . 2010. 中国奶业经济研究报告［M］. 北京：中国农业出版社 .

刘玉满，等 . 2011. 发展现代奶业需要培育大批现代农业［J］. 中国乳业（111）：16－18.

吕殿富，陈利利 . 2013. 关于农场土地资源与奶牛养殖有机融合发展的思考［J］. 农场经济管理 12：28－30.

马恒运，唐华仓，Allan Rae. 2007. 中国牛奶生产的全要素生产率分析［J］. 中国农村经济（2）：40－48.

马恒运 . 2009. 河南省牛奶生产的全要素生产率及财政支持政策研究［J］. 河南农业大学学报（1）：104－108.

马君，孙先明，张蓓 . 2009. 中国奶业持续健康发展的策略［J］. 农机化研究（1）：246－248.

马彦丽，魏建，刘亚男 . 2014. 让组织化的家庭牧场成为奶牛养殖的中坚力量［J］. 中国畜牧杂志（22）：21－24.

那达木德 . 2013. 中国乳业发展的几个趋势性问题［J］. 中国乳业（12）：36－39.

彭秀芬 . 2008. 中国原料奶的生产技术效率分析［J］. 农业技术经济（6）：23－29.

钱贵霞，郭建军 . 2007. 内蒙古奶业发展的现状、问题与对策［J］. 农业展望（9）：39－42.

宋亮 . 2013. 2013 年：中国乳业回顾与展望［J］. 中国乳业（12）：2－6.

宋亮 . 2015. 中国原奶价格为何高［J］. 中国畜牧业（09）：33.

苏晓芳 . 2015. 提高嵩明县奶牛受胎率的几点技术措施［J］. 云南畜牧兽医（02）：14.

王济民 . 2000. 我国的大豆经济：供给与需求的重点分析［D］. 北京：中国农业科学院博士学位论文 .

王林枫 . 2006. 我国奶业主产区奶牛生产效益与牛奶品质的调研分析［D］. 北京：中国农业科学院博士后研究工作报告 .

王威，刘丽萍 . 2010. 基于产业链模式的奶业利益分配机制研究［J］. 哈尔滨理工大学学报（3）：122－127.

王秀清，程厚思 . 1998. 蔬菜供给反应分析［J］. 经济问题探索（10）：54－56.

魏彩艳，张志强 . 2013. 浅谈规模化奶牛养殖场的建设［J］. 农民致富之友（20）：207.

魏克佳 . 2009. 中国奶业追风赶云 60 年［J］. 中国奶牛（S1）：2－5.

魏立华，许常亮 . 2009. 河北省奶业形势调研报告［J］. 中国乳业（11）：32－35.

吴方卫 . 2000. 中国农业的增长源泉分析［J］. 中国软科学（01）：48－52.

肖卫东，杜志雄 . 2015. 家庭农场发展的荷兰样本：经营特征与制度实践［J］. 中国农村经济（02）：83-96.

谢立新.2004. 区域产业竞争力［M］. 北京：社会科学文献出版社.

薛春玲，张晓虎，陈翠，等.2006. 中国农业生产的技术效率测度模型及实证分析［J］. 农业科技管理（02）：3-6.

杨军.2003. 中国畜牧业增长与技术进步、技术效率研究［D］. 北京：中国农业科学院.

杨晓光，李文才.2013. 关于健康发展牧草型奶牛的思考［J］. 当代畜牧（35）：23-24.

张利庠，孔祥智，王俊勋等.2009. 中国奶业发展报告［M］. 北京：中国经济出版社.

张利庠，孔祥智，王俊勋等.2010. 中国奶业发展报告［M］. 北京：中国经济出版社.

张利庠，孔祥智，等.2008. 中国奶业发展报告［M］. 北京：中国经济出版社.

张莉侠，孟令杰.2007. 我国奶业生产波动及原因分析［J］. 农村经济（1）：44-46.

张莉侠.2008. 中国乳制品业的效率与绩效研究［D］. 南京：南京农业大学博士学位论文.

张淑萍，陆娟.2013. 我国乳品行业市场发展整体状况研究［J］. 中国乳品工业（11）：33-37.

张素珍，任润琴，崔静萍.2015. 浅谈奶牛养殖小区疫病防疫体系建设［J］. 农家顾问（02）：120.

张喜才，张利庠.2009. 农业产业发展与政府规制——中国奶业产业的案例研究［J］. 中国乳业（07）：2-5.

张正友.2013. 是谁“抢了”奶牛的“粮”?［J］. 当代农机（11）：19.

赵贵玉，等.2009. 基于参数和非参数方法的玉米生产效率研究——以吉林省为例［J］. 农业经济问题（2）：15-20.

周芸，张璋，马云，张红霞，乌仁.2013. 阿拉善盟畜禽规模化养殖场污染现状及其防治对策［J］. 北方环境（08）：125-127.

Ahmed M，Bravo-Ureta B. 1995. An econometric decomposition of dairy output growth［J］. American Journal of Agricultural Economics 77：914-921.

Aigner J.，Lovell K.，Schmidt P. 1977. Formulation and estimation of stochastic frontier production function models［J］. Journal of Econometric 6：21-37.

Alvarez A.，Arias C. 2004. Technical efficiency and farm size：a conditional analysis［J］. Agricultural Economics 30：241-250.

Andrés J. Picazo-Tadeo，José A. Gómez-Limón，Ernest Reig-Martínez. 2011. Assessing farming eco-efficiency：a data envelopment analysis approach［J］. Journal of Environmental Management 92（4）：1154-1164.

Atkinson S. E.，Primont D. 2002. Stochastic estimation of firm technology，inefficiency，and productivity growth using shadow cost and distance functions［J］. Journal of Econometrics（108）：203-225.

Barnes P. 2006. Does multi-functionality affect technical efficiency? A non-parametric analysisof the Scottish dairy industry［J］. Journal of Environmental Management 80（4）：287-294.

Battese G. E. , Coelli T. J. 1995. A model for technical inefficiency effects in a stochasticfrontier production function for panel data [J] . Empirical Economics (2): 325 - 332.

Bohrnstedt G. W. , Knoke D. 1994. Statistics for social data analysis [M] . Ithaca, I11: Peacock Publishers Inc.

Braulke M. 1982. A note on the nerlove model of agricultural supply response [J] . International Economic Review 23 (1): 241 - 44.

Bravo - Ureta B. E. , Reiger L. 1991. Dairy farm efficiency measurement using stochasticfrontiers and neoclassical duality [J] . American Journal of Agricultural Economics 73 (2): 421 -428.

Brummer B. , Glauben T. , Thijssen G. 2002. Decomposition of productivity growth using distance functions: the case of dairy farms in three European countries [J] . American Journal of Agricultural Economics 84: 628 - 644.

C. Bastin, L. Laloux, A. Gillon, F. Miglior, H. Soyeurt, H. Hammami, C. Bertozzi, N. Gengler. 2009. Modeling milk urea of Walloon dairy cows in management perspectives [J] . 113Journal of Dairy Science 92 (7): 29 - 40.

Cabrera V. E. , Solís D. , Corral J. D. 2010. Determinants of technical efficiency among dairy farms in Wisconsin [J] . Journal of Dairy Science 93 (1): 387 - 393.

Chang H. H. , Mishra A. K. 2011. Does the Milk Income Loss Contract program improve the technical efficiency of US dairy farms [J] . Journal of Dairy Science 94 (6): 45 - 51.

Charnes A. , Coopers W. W. , Rhodes E. 1978. Measuring the efficiency of decision making units [J] . European Journal of Operational Research (2): 429 - 444.

Christensen L. R. , Jorgensen D. W. , Lau L. J. 1973. Transcendental logarithmic production frontiers [J] . Review of Economics Statistics (55): 28 - 45.

Clément Yélou, Bruno Larue, Kien C. Tran. 2010. Threshold effects in panel data stochastic frontier models of dairy production in Canada [J] . Economic Modelling 27 (3): 641 - 647.

Coelli T. J. , Perelman S. 1999. A comparison of parametric and non - parametric distance functions: with application to European railways [J] . European Journal of Operational Research 117 (2): 326 - 339.

Coelli T. J. , Perelman S. 2000. Technical efficiency of European railways: a distance function approach [J] . Applied Economics 32: 67 - 76.

Cuesta R. A. , Knox Lovell C. A. , José L. Zofío. 2009. Environmental efficiency measurement with transom distance functions: A parametric approach [J] . Ecological Economics 68 (8 - 9): 32 - 42.

D. Roibas, A. Alvarez. 2010. Impact of genetic progress on the profits of dairy farmers [J] . Journal of Dairy Science 93 (9): 66 - 73.

D. Susanto, C. P. Rosson, D. P. Anderson, F. J. Adcock. 2010. Immigration policy, foreign agricultural labor, and exit intentions in the United States dairy industry [J] . Journal of

Dairy Science 93 (4): 74 - 81.

Davis H. S. 1995. Productivity accounting [M] . Philadelphia: University of Pennsylvania Press.

Easterly W. , Levine R. 2001. It' s not factor accumulation: stylized facts and growth models [C] . Working Papers Central Bank of Chile.

F. Shomo, M. Ahmed, K. Shideed, A. Aw - Hassan, O. Erkan. 2010. Sources of technical efficiency of sheep production systems in dry areas in Syria [J] . Small Ruminant Research 91 (2 - 3): 160 - 169.

Farrell M. J. 1957. The measurement of productive efficiency [J] . Journal of the Royal Statistical Society 120 (3): 253 - 290.

Fernando Lopes. 2008. Technical efficiency in portuguese dairy farms [C] . The 82nd Annual Conference of the Agricultural Economics Society 1 - 21.

Fisher F. M. 1963. A theoretical analysis of the impact of food surplus disposal on agricultural production in recipient countries [J] . Journal of Farm Economics 45 (4): 245 - 248.

Fogarasi J. , Latruffe L. 2007. Technical efficiency and productivity change of dairy farms: a comparison of France and Hungary [C] . European Association of Agricultural Economists 4: 23 - 25.

**图书在版编目（CIP）数据**

中国奶牛养殖户生产效率研究/何忠伟，刘芳，韩啸著．—北京：中国农业出版社，2016.1
ISBN 978-7-109-21430-9

Ⅰ.①中… Ⅱ.①何… ②刘… ③韩… Ⅲ.①乳牛－饲养管理 Ⅳ.①S823.9

中国版本图书馆 CIP 数据核字（2016）第 020698 号

中国农业出版社出版
（北京市朝阳区麦子店街 18 号楼）
（邮政编码 100125）
责任编辑 边 疆

---

北京中兴印刷有限公司印刷 新华书店北京发行所发行
2016 年 2 月第 1 版 2016 年 2 月北京第 1 次印刷

---

开本：720mm×960mm 1/16 印张：8.25
字数：155 千字
定价：30.00 元